Creo 4.0 造型设计实例精讲

詹建新　主　编

王秀敏　孙令真　副主编

電子工業出版社
Publishing House of Electronics Industry
北京·BEIJING

内 容 简 介

本书是以高职高专的学生为授课对象,根据编者十多年来在模具公司从事一线工作的经历及多年教学经验编写的。书中的许多内容是编者多年来工作经验的积累与心得。全书共 13 章,包括 Creo 设计入门、基本特征设计、Pro/E 版特征命令的应用、简单零件建模、特征编辑、曲面特征、造型设计、参数式零件设计、从上往下零件设计、装配设计、工程制图、钣金设计、综合训练等内容。

全书结构清晰、内容详细、案例丰富,讲解的内容深入浅出,重点突出,着重培养学生的实际能力。

本书可作为高职高专类职业院校的教材,也可作为成人高校、本科院校举办的二级职业技术学院、民办高校的教材,还可以作为专业技术人员的参考书。

未经许可,不得以任何方式复制或抄袭本书之部分或全部内容。
版权所有,侵权必究。

图书在版编目(CIP)数据

Creo 4.0 造型设计实例精讲/詹建新主编. —北京:电子工业出版社,2017.8
ISBN 978-7-121-32142-9

Ⅰ. ①C… Ⅱ. ①詹… Ⅲ. ①计算机辅助设计—应用软件 Ⅳ. ①TP391.72

中国版本图书馆 CIP 数据核字(2017)第 161242 号

责任编辑:郭穗娟
印　　刷:北京虎彩文化传播有限公司
装　　订:北京虎彩文化传播有限公司
出版发行:电子工业出版社
　　　　　北京市海淀区万寿路 173 信箱　邮编　100036
开　　本:787×1 092　1/16　印张:13.5　字数:346 千字
版　　次:2017 年 8 月第 1 版
印　　次:2023 年 9 月第 4 次印刷
定　　价:59.00 元

凡所购买电子工业出版社图书有缺损问题,请向购买书店调换。若书店售缺,请与本社发行部联系,联系及邮购电话:(010)88254888,88258888。
质量投诉请发邮件至 zlts@phei.com.cn,盗版侵权举报请发邮件至 dbqq@phei.com.cn。
本书咨询联系方式:(010)88254502,guosj@phei.com.cn。

前　言

本书是编者根据十多年在模具企业从事一线工作的经历，结合多年的实际教学经验而编写出来的，非常具有针对性，可作为大、中专院校的教材。

在编写本书时，参考本人在 20 多年前使用 Pro/E 软件设计产品的经验，觉得那个时期的 Pro/E 版本中有一些命令（比如唇、截面圆顶、半径圆顶等）在设计产品过程中，使用起来非常方便，于是在本书中专门列了一章"Pro/E 版特征命令的应用"，介绍早期 Pro/E 版本命令的加载与使用，丰富了现有 Creo 版本的命令菜单。对于初学 Croe 的学生或没有接触过早期 Pro/E 版相关人员，这一章值得一看。

本书中除了介绍常用的 Creo 草绘命令与建模命令，还着重介绍了钣金与 Croe 曲面造型命令的使用，这两个命令是广大学生毕业后在实际工作中经常使用的命令。

草绘的设计一直是所有学习 Creo（Pro/E）学生的难点，但在本书中的所有实例，都把一个复杂的图形分解成若干个简单的步骤，把一个复杂的草绘分解成若干个简单的草绘。因此，在学习完本书后，读者不仅能学会复杂图形的建模，也能学会绘制复杂草图。

本书也介绍了在装配设计中修改各装配零件的方法，这一章主要是参考编者多年来在工厂生产一线的工作经历编写的，对设计组合产品，非常有用，值得一看。

本书内容全面，所有实例的建模步骤都经过编者的反复验证，语言通俗易懂，实例也讲得很详细，能提高学生的学习积极性。

本书不但能满足职业院校、本科院校学生的学习需要，也可作为从事模具、机械制造、产品设计人员的培训教材，非常适合培训没有任何 Creo（Pro/e）经验的工作人员。

本书第 1~3 章由广州华立科技职业学院王秀敏老师编写，第 4~6 章由广州华立科技职业学院孙令真老师编写，第 7~13 章由广州华立科技职业学院詹建新老师编写，全书由詹建新老师统稿。

尽管编者为本书付出十分的心血，但书中疏漏、欠妥之处在所难免，敬请广大读者不吝指正。作者联系方式：QQ648770340。

编　者

2019 年 2 月

目　录

第1章　Creo设计入门　/1

1. 垫块　/1
2. 轴套　/7
3. 垫板　/11
4. 对Creo初学者提出几点建议　/12

第2章　基本特征设计　/13

1. 平行混合特征：天圆地方　/13
2. 平行混合特征：天四地八　/14
3. 旋转混合特征：戒子　/15
4. 一般混合（麻花钻）：截面可绕X\Y\Z旋转且有一定量的位移　/16
5. 扫描特征　/17
6. 螺纹扫描　/18
7. 变截面扫描　/18
8. 图形控制变截面扫描——螺杆限位槽（往复槽）　/20
9. 图形控制变截面扫描——正弦槽　/21
10. 弹簧　/21
11. 拉伸-旋转混合（鸟巢）　/22
12. 扫描混合（弯钩）（以内部轨迹线与内部截面创建实体）　/24
13. 扫描混合——门把手　/25
14. 变截面扫描——花洒　/27
15. 拉伸-旋转　/27
16. 环形折弯——轮胎　/28

第3章　Pro/E版特征命令　/31

1. 调用Pro/E版特征命令　/31
2. 轴特征命令的应用　/32
3. 法兰特征命令的应用　/33
4. 槽特征命令的应用　/34
5. 环形槽特征命令的应用　/35
6. 耳特征命令的应用　/36
7. 唇特征命令的应用　/36
8. 半径圆顶特征命令的应用　/36
9. 截面扫描圆顶：一条轨迹线，一条剖面线　/37
10. 截面混合圆顶：一条轨迹线，二条或多条剖面线　/37
11. 截面混合圆顶：无轨迹线，二条或多条剖面线　/38

第4章　简单零件建模　/40

1. 拉伸特征（支撑柱）　/40
2. 旋转特征（旋钮）　/42
3. 平行混合特征（烟灰缸）　/46
4. 连杆　/48
5. 水杯　/51

第 5 章　编辑特征　/54

1. 创建组　/54
2. 镜像　/54
3. 复制（一）：粘贴　/54
4. 复制（二）：镜像　/55
5. 复制（三）：平移　/55
6. 复制（四）：旋转　/56
7. 缩放：将模型整体放大或缩小　/57
8. 尺寸阵列：以标注尺寸为基准进行阵列　/57
9. 方向阵列：以平面的法向为基准进行阵列　/58
10. 旋转阵列：以旋转轴为基准进行阵列　/58
11. 填充阵列　/59
12. 曲线阵列　/60
13. 参照阵列：是指在原阵列特征上增加特征　/60

第 6 章　曲面特征　/61

1. 混合曲面　/61
2. 可变截面扫描曲面　/62
3. 边界混合曲面　/63
4. 扫描曲面（一）　/64
5. 扫描曲面（二）　/65
6. 拉伸曲面　/66
7. 旋转曲面　/66
8. 填充曲面　/67
9. 混合曲面　/67
10. 曲面合并　/70
11. 曲面实体化特征　/70
12. 曲面移除　/70
13. 曲面偏移（一）：将实体整体放大或缩小　/71
14. 曲面偏移（二）：偏移一个区域的实体且具有拔模特征　/71
15. 曲面偏移（三）　/72
16. 替换曲面：用一个曲面替换实体上的一个曲面　/72
17. 复制曲面　/72
18. 相同延伸曲面　/73
19. 相切延伸曲面　/73
20. 不等距延伸曲面　/74
21. 曲面延伸到平面　/74
22. 投影曲线　/75
23. 沿曲线修剪曲面　/75
24. 沿相交曲面修剪　/75
25. 曲面合并　/76
26. 曲面恒值倒圆角　/76
27. 曲面变值倒圆角　/76
28. 沿基准面修剪曲面　/77
29. 曲面加厚　/77

第 7 章　曲面造型特征设计　/79

1. 自由造型曲线　/79
2. 平面造型曲线　/79
3. 曲面造型曲线　/80
4. 投影造型曲线　/81
5. 相交造型曲线　/81
6. 编辑造型曲线　/81
7. 放样曲面　/82
8. 混合曲面　/83
9. 边界曲面　/84
10. 造型设计实例训练　/85

第 8 章　参数式零件设计　/91

1. 遮阳帽　/91
2. 齿轮　/95
3. 饮料瓶　/100

目 录

第9章 从上往下造型设计 /103
1. 果盒 /103
2. 电子钟 /108

第10章 装配设计 /118
1. 装配零件 /119
2. 修改装配零件 /123
3. 分解组件 /126

第11章 工程图设计 /127
1. 创建工程图图框 /127
2. 创建工程图标题栏 /128
3. 在表格中添加文本 /133
4. 添加注释文本 /135
5. 创建工程图模板 /135
6. 按自定义模板创建工程图 /138
7. 按缺省模板创建工程图 /141
8. 更改工程图视角 /141
9. 创建主视图 /142
10. 移动视图 /142
11. 创建旋转视图 /142
12. 创建投影视图 /142
13. 创建局部放大图 /142
14. 创建辅助视图 /143
15. 创建插入并对齐视图 /144
16. 创建半视图 /145
17. 创建局部视图 /146
18. 破断视图 /146
19. 创建单一2D剖面视图：沿直线创建的剖面视图 /147
20. 创建偏距2D剖面视图：沿折线创建的剖面视图 /148
21. 创建截面视图箭头 /150
22. 区域截面视图 /150
23. 创建半剖视图 /150
24. 创建局部剖视图 /152
25. 创建旋转剖视图 /152
26. 视图显示 /153
27. 修改剖面线 /153
28. 创建中心线 /154
29. 直线尺寸标注 /155
30. 半径尺寸标注 /155
31. 直径尺寸标注 /155
32. 四舍五入标注尺寸 /156
33. 添加前缀 /156
34. 标注纵坐标尺寸 /156
35. 带引线注释 /156

第12章 钣金实例设计 /158
1. 方盒的设计 /158
2. 门栓（一）/162
3. 门栓（二）/167
4. 洗菜盆 /168
5. 挂扣的设计 /173
6. 百叶窗 /177

第13章 综合训练 /184
1. 凹模 /184
2. 调羹 /186
3. 塑料外壳 /192
4. 塑料盖 /200
5. 电话筒 /203

第 1 章 Creo 设计入门

本章以 3 个简单的零件为例,详细介绍 Creo 4.0 建模设计的一般过程,强调在运用 Creo 建模时,应将复杂零件分解成若干个小零件。

1. 垫块

本节通过绘制一个简单的零件图,重点讲述了 Creo 4.0 草绘的基本方法及建模的一般过程,零件图如图 1-1 所示。

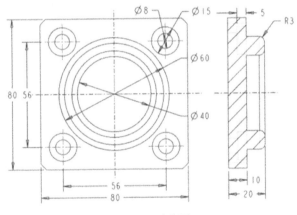

图 1-1 零件图

(1) 启动 Creo Parametric 4.0,在 Creo Parametric 4.0 的起始界面下单击"选择工作目录"按钮,如图 1-2 所示,选取 D:\Creo 4.0 Ptc\Work\为工作目录,所创建的建模图放在此目录下。

图 1-2 单击"选择工作目录"按钮

(2) 单击"新建"按钮,在【新建】对话框中"类型"选中"⊙ □零件","子类型"为"⊙ 实体","名称"为"diankuai",勾选"☑ 使用默认模板",如图 1-3 所示。

提示:"默认模板"指的是 Creo 默认为英制,单位为英寸 inch。

图1-3 【新建】对话框

(3)单击"确定"按钮,进入建模环境。

(4)在横向菜单中单击"模型"选项卡,再单击"拉伸"按钮,如图1-4所示。

图1-4 单击"拉伸"按钮

(5)在操控板中单击"放置"按钮,再在"草绘"滑板中单击"定义"按钮,如图1-5所示。

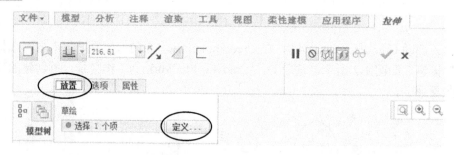

图1-5 单击"定义"按钮

(6)选取TOP基准面为草绘平面,RIGHT基准面为参考平面,方向向右,如图1-6所示。

(7)单击"草绘"按钮,进入草绘模式。

(8)单击"草绘视图"按钮,如图1-7所示,定向草绘平面与屏幕平行。

第 1 章 Creo 设计入门

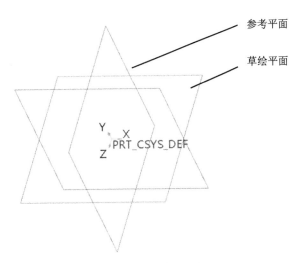

图 1-6 选取草绘平面和参考平面

图 1-7 选取"草绘视图"按钮

（9）单击"草绘"区域的"中心线"按钮，任意绘制一条竖直方向的中心线和一条水平方向的中心线（说明：快捷菜单中有两个"中心线"按钮，一个是基准区域的中心线按钮，另一个是草绘区域的中心线按钮）。

（10）单击"重合"按钮，使水平中心线与 X 轴重合，竖直中心线与 Y 轴重合。

（11）单击"拐角矩形"按钮，在工作区中任意绘制一个矩形，单击鼠标中键，所绘制的矩形如图 1-8 所示。

（12）单击"对称"按钮，先选中 A 点，再选中 B 点，然后选竖直中心线，A、B 关于竖直中心线对称。用同样的方法，先选中 A 点，再选中 D 点，然后选水平中心线，A、D 关于水平中心线对称。

（13）单击"相等"按钮，选中 AB，再选中 AD，设定线段 AB 与 AD 长度相等。

（14）单击"法向尺寸"按钮，选中尺寸标注，并改为 80mm，如图 1-9 所示。

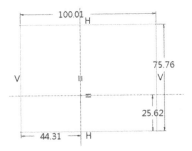

图 1-8 绘制任意矩形

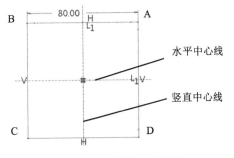

图 1-9 修改尺寸标注

（15）单击"确定"按钮☑，在操控板中选取"拉伸为实体"按钮▢，深度类型选"盲孔"选项⊥，深度为10mm，如图1-10所示。

图1-10　"拉伸"操控板

（16）单击"确定"按钮☑，创建一个拉伸特征。

（17）在"视图"选项卡中单击"标准方向"按钮，如图1-11所示，或者按住键盘的<Ctrl+D>组合键，所创建的实体切换成标准方向的视角。

图1-11　单击"标准方向按钮"

（18）在"模型"选项卡中单击"旋转"按钮，再在操控板中单击"放置"按钮，然后在"草绘"滑板中单击"定义"按钮。

（19）选取FRONT基准面为草绘平面，RIGHT基准面为参考平面，方向向右，如图1-12所示。

图1-12　选取草绘平面和参考平面

（20）单击"草绘"按钮，进入草绘模式。

（21）单击"草绘视图"按钮，如图1-7所示，定向草绘平面与屏幕平行。

（22）单击"基准"区域的"中心线"按钮，沿Y轴创建一条中心线。

提示：在工作区上方有两个"中心线"按钮，一个在"基准"区域，一个在"草绘"区域，请单击"基准"区域的中心线按钮。

（23）单击"矩形"按钮□，在工作区中任意绘制一个矩形，如图1-13所示。

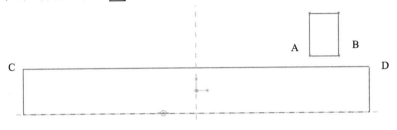

图1-13 绘制矩形截面

（24）单击"重合"按钮，先选中AB线段，再选中CD线段，AB与CD重合。

（25）单击"尺寸"按钮，修改尺寸标注，如图1-14所示。

图1-14 修改尺寸

（26）单击"确定"按钮，在操控板中选取"实体"按钮□，深度类型选"盲孔"选项，角度为360°。

（27）单击"确定"按钮，创建旋转特征，切换成标准方向视角后如图1-15所示。

（28）在"模型"选项卡中单击"拉伸"按钮，在操控板中单击"放置"按钮 放置 ，再在"草绘"滑板中单击"定义"按钮 定义… ，如图1-5所示。

（29）选取TOP基准面为草绘平面，RIGHT基准面为参考平面，方向向右。

（30）在【草绘】对话框中单击"草绘"按钮 草绘 ，进入草绘模式。

（31）单击"草绘视图"按钮，如图1-7所示，定向草绘平面与屏幕平行。

（32）单击"圆心和点"按钮，在工作区中绘制一个圆（φ8mm），如图1-16所示。

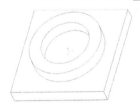

图1-15 创建旋转特征

图1-16 绘制截面圆（φ8mm）

（33）单击"确定"按钮，在操控板中选取"拉伸为实体"按钮□，深度类型选"通孔"选项，按下"移除材料"按钮，如图1-17所示。

图1-17 选"移除材料"按钮

(34)单击"确定"按钮☑,创建一个切除特征,如图1-18所示。

(35)在"模型"选项卡中单击"拉伸"按钮,在操控板中单击"放置"按钮 放置 ,再在"草绘"滑板中单击"定义"按钮 定义... 。

(36)选取台阶面为草绘平面,RIGHT基准面为参考平面,方向向右。

(37)在【草绘】对话框中单击"草绘"按钮 草绘 。

(38)进入草绘模式。单击"草绘视图"按钮,定向草绘平面与屏幕平行。

(39)单击"⊙圆"旁边的三角形按钮,选取"同心"按钮⊚,再选取小孔的边线绘制一个同心圆(φ15mm),如图1-19所示。

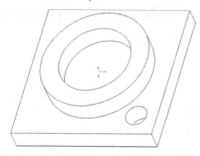 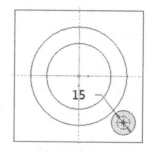

图1-18 创建切除特征　　　　　　图1-19 绘制同心圆

(40)单击"确定"按钮☑,在操控板中深度类型选"盲孔"选项,深度为5mm,选取"反向"按钮,按下"移除材料"按钮,如图1-20所示。

图1-20 拉伸操控板

(41)单击"确定"按钮☑,创建一个切除特征,如图1-21所示。

(42)按住键盘的Ctrl键,在模型树中选取"拉伸2"和"拉伸3",如图1-22所示。

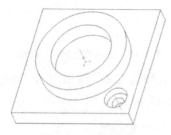 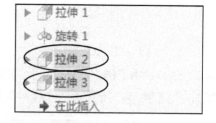

图1-21 切除特征　　　　　　图1-22 选取"拉伸2"和"拉伸3"

(43)单击"几何阵列"按钮,在操控板中选"轴" 轴 ,选中大圆环的中心轴,再在操控板上输入数量为4,角度为90°,阵列操控板如图1-23所示。

图 1-23 阵列操控板

（44）单击"确定"按钮☑，创建的阵列特征如图 1-24 所示。

（45）单击"倒圆角"按钮，创建圆环边线的圆角特征（R3mm），单击"边倒角"按钮，创建方块 4 个角的倒角特征（4mm×4mm），如图 1-25 所示。

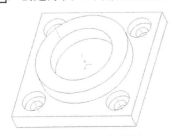

图 1-24 创建阵列特征

图 1-25 创建圆角与倒角特征

2．轴套

本节通过绘制一个简单的零件图，重点讲述在运用 Creo 4.0 建模中，应将一个复杂零件分解成许多简单的步骤，零件图如图 1-26 所示。

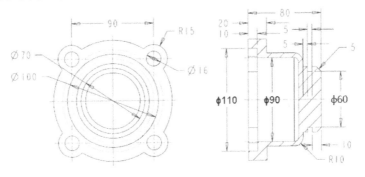

图 1-26 零件图

（1）启动 Creo Parametric 4.0，在 Creo Parametric 4.0 的起始界面下单击"选择工作目录"按钮，如图 1-2 所示。选取 D：\Creo 4.0 Ptc\Work\为工作目录，所创建的建模图放在此目录下。

（2）单击"新建"按钮，在【新建】对话框中"类型"选中"◉ 零件"，"子类型"为"◉ 实体"，"名称"为"zhoutao"，取消"使用默认模板"前面的☑。

（3）单击"确定"按钮 确定 ，在【新文件选项】对话框中选择"mmns_asm_design"模板（单位：mm·N·s，即毫米·牛顿·秒），单击"确定"按钮 确定 。

(4)在"模型"选项卡中单击"旋转"按钮，再在操控板中单击"放置"按钮，然后在"草绘"滑板中单击"定义"按钮。

(5)选取 FRONT 基准面为草绘平面，RIGHT 基准面为参考平面，方向向右。

(6)在【草绘】对话框中单击"草绘"按钮，进入草绘模式。

(7)单击"草绘视图"按钮，定向草绘平面与屏幕平行。

(8)单击"基准"区域的"中心线"按钮，沿 X 轴创建一条中心线。

(9)单击"拐角矩形"按钮，在工作区中绘制矩形截面（20mm×65mm），如图 1-27 所示。

(10)单击"确定"按钮，在操控板中选取"实体"按钮，深度类型选"盲孔"选项，角度为 360°。

(11)单击"确定"按钮，创建旋转特征，切换成标准方向视角后如图 1-28 所示。

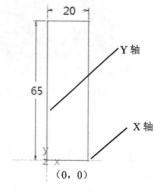

图 1-27 绘制矩形截面　　　　图 1-28 创建圆形实体

(12)采用相同的方法，创建第 2 个旋转特征，截面尺寸为 40mm×50mm，如图 1-29 所示，旋转实体如图 1-30 所示。

(13)按照相同的方法，创建第 3 个（ϕ70mm×5mm）、第 4 个（ϕ60mm×5mm）、第 5 个（ϕ70mm×10mm）旋转特征，如图 1-31 所示。

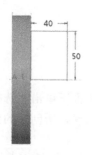

图 1-29 绘制截面　　　图 1-30 创建第二个旋转特征　　　图 1-31 创建其他旋转特征

(14)在"模型"选项卡中单击"旋转"按钮，再在操控板中单击"放置"按钮，然后在"草绘"滑板中单击"定义"按钮。

(15) 选取 FRONT 基准面为草绘平面，RIGHT 基准面为参考平面，方向向右。

(16) 在【草绘】对话框中单击"草绘"按钮 草绘 ，进入草绘模式。

(17) 单击"草绘视图"按钮 ，定向草绘平面与屏幕平行。

(18) 单击"基准"区域的"中心线"按钮 ，沿 X 轴创建一条中心线。

(19) 单击"拐角矩形"按钮 ，在工作区中绘制一个矩形（10mm×55mm），如图 1-32 所示。

(20) 单击"确定"按钮 ，在操控板中选取"实体"按钮 ，深度类型选"盲孔"选项 ，角度为 360°，选中"移除材料"按钮 。

(21) 单击"确定"按钮 ，创建旋转切除特征，切换视角后如图 1-33 所示。

(22) 按照相同的方法，创建第二个切除特征，截面尺寸为（55mm×45mm）如图 1-34 所示。

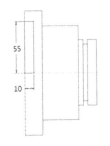

图 1-32　绘制矩形截面　　　　图 1-33　切除特征　　　　图 1-34　绘制截面

(23) 单击"确定"按钮 ，创建旋转切除特征，切换视角后如图 1-35 所示。

(24) 单击"倒圆角"按钮 ，在实体上创建倒圆角特征（R10mm），如图 1-36 所示。

(25) 单击"边倒角"按钮 ，在实体上创建倒角特征（5mm×5mm），如图 1-37 所示。

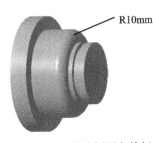
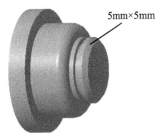

图 1-35　第二个切除特征　　　图 1-36　创建倒圆角特征　　　图 1-37　创建倒角特征

(26) 在"模型"选项卡中单击"拉伸"按钮 ，在操控板中单击"放置"按钮 放置 ，再在"草绘"滑板中单击"定义"按钮 定义 。

(27) 选取 RIGHT 基准面为草绘平面，TOP 基准面为参考平面，方向向左。

(28) 在【草绘】对话框中单击"草绘"按钮 草绘 ，进入草绘模式。

(29)单击"草绘视图"按钮,定向草绘平面与屏幕平行。

(30)单击"圆心和点"按钮,在工作区中绘制一个圆(φ30mm),如图1-38所示。

(31)单击"确定"按钮,在操控板中选取"拉伸为实体"按钮,深度类型选"盲孔"选项,深度为20mm。

(32)单击"确定"按钮,创建一个实体特征,如图1-39所示。

(33)在"模型"选项卡中单击"拉伸"按钮,在操控板中单击"放置"按钮 放置,再在"草绘"滑板中单击"定义"按钮 定义...,在【草绘】对话框上单击"使用先前的"按钮 使用先前的。

(34)单击"草绘视图"按钮,定向草绘平面与屏幕平行。

(35)单击"同心圆"按钮,在工作区中绘制一个同心圆(φ16mm),如图1-40所示。

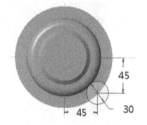
图1-38 绘制截面圆

图1-39 创建拉伸特征

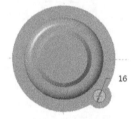
图1-40 绘制截面

(36)单击"确定"按钮,在操控板中选取"拉伸为实体"按钮,深度类型选"通孔"选项,选中"移除材料"按钮。

(37)单击"确定"按钮,创建一个切除实体特征,如图1-41所示。

(38)按住键盘的Ctrl键,在模型树中选取"拉伸1"和"拉伸2",单击鼠标右键,选择"分组"命令按钮,"拉伸1"和"拉伸2"合并成一个组。

(39)在模型树上选取刚才创建的组,再单击"几何阵列"按钮,在"阵列"操控板中"阵列类型"选"轴" 轴,选中大圆柱的中心轴,再在操控板上输入数量为4,角度为90°,操控板如图1-23所示。

(40)单击"确定"按钮,创建的阵列特征如图1-42所示。

(41)单击"保存"按钮,保存文档。

图1-41 创建通孔

图1-42 阵列特征

3. 垫板

本节通过绘制一个简单的零件图，重点讲述了在运用 Creo 4.0 建模中，应将一个复杂零件分解成许多简单的步骤，零件图如图 1-43 所示。

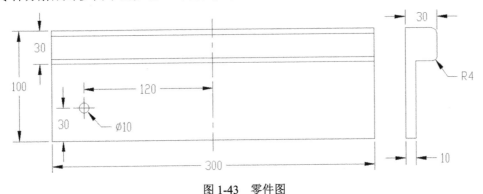

图 1-43 零件图

（1）启动 Creo Parametric 4.0，在 Creo Parametric 4.0 的起始界面下单击"选择工作目录"按钮，如图 1-2 所示，选取 D：\Creo 4.0 Ptc\Work 为工作目录。

（2）单击"新建"按钮，在【新建】对话框中"类型"选中"◉ □零件"，"子类型"为"◉ 实体"，"名称"为"dianban"，勾选"☑使用默认模板"，如图 1-3 所示。

（3）在"模型"选项卡中单击"拉伸"按钮，再在操控板中单击"放置"按钮 放置，然后在"草绘"滑板中单击"定义"按钮 定义... 。

（4）选取 FRONT 基准面为草绘平面，RIGHT 基准面为参考平面，方向向右。

（5）在【草绘】对话框中单击"草绘"按钮 草绘 ，进入草绘模式。

（6）单击"草绘视图"按钮，定向草绘平面与屏幕平行。

（7）单击"线链"按钮，绘制一个截面，截面尺寸如图 1-44 所示。

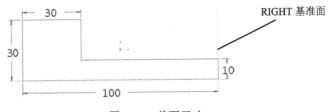

图 1-44 截面尺寸

（8）单击"确定"按钮，在操控板中选取"拉伸为实体"按钮，深度类型选"对称"选项，深度为 300mm。

（9）单击"确定"按钮，创建一个实体特征，如图 1-45 所示。

（10）单击"倒圆角"按钮，创建圆角特征（R5mm），如图 1-46 所示。

（11）在"模型"选项卡中单击"孔"特征按钮，选取零件的表面为孔特征的放置面。

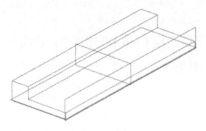 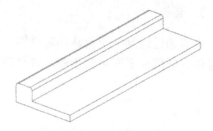

图 1-45 拉伸特征　　　　　　　图 1-46 创建圆角特征

（12）把孔特征的定位手柄移到 RIGHT 与 FRONT 上，并修改孔特征参数，直径为 $\phi 10$mm，孔中心与 FRONT 的距离为 120mm，与 RIGHT 的距离为 30mm，如图 1-47 所示。

（13）单击"确定"按钮 ✓，创建孔特征，如图 1-48 所示。

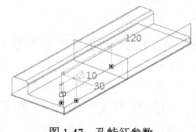 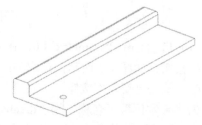

图 1-47 孔特征参数　　　　　　　图 1-48 创建孔特征

4. 对 Creo 初学者提出几点建议

（1）将一个复杂的零件设计分解为许多小步骤，每一小步仅只有简易的步骤。

（2）在创建实体时，尽量绘制较简易的剖面，避免使用太多的倒圆角（倒斜角），如确有必要，则可以在实体上进行倒圆角（倒斜角），这样能使复杂的图形简单化。

（3）尽量用阵列、镜像等方式来创建零件上相同的特征。

（4）保持剖面简捷，利用增加其他特征来完成复杂形状，这样所绘制的几何模型更容易修改。

（5）在创建实体时，尽量选择基准平面为草绘平面，方便以后修改实体。

（6）多与同学、同事交流学习 Creo 的经验与体会。

第 2 章 基本特征设计

本章以几个简单的零件为例，详细介绍 Creo 4.0 基本特征（如拉伸、旋转、平行混合、旋转混合、扫描）等命令的使用。

1. 平行混合特征：天圆地方

（1）启动 Creo Parametric 4.0，文件名为 blend_1，单击 形状 ，然后选"混合"按钮，在操控板中单击"截面"按钮 截面 ，在滑板中选中"●草绘截面"，选"定义"按钮 定义... ，选取 TOP 基准面为草绘平面，RIGHT 基准面为参考面，方向向右，绘制一个截面矩形（100mm×100mm），矩形中心在原点位置，如图 2-1 所示。

（2）用鼠标左键选择左上角的顶点，再单击鼠标右键，选择"起点"命令，左上角的顶点出现一个箭头，如图 2-1 所示，单击"确定"按钮。

（3）在操控板中单击"截面"按钮 截面 ，在滑板中选中"●草绘截面"，对"草绘平面位置定义方式"选"●偏移尺寸"，对"偏移自"选"截面 1"，距离设为 30mm。

（4）单击"草绘"按钮 草绘... ，单击"圆心和点"按钮，以原点为圆心，绘制一个圆（φ90mm）。

（5）单击"草绘"区域的"中心线"按钮，绘制两条中心线，且与 X 轴的夹角为 45°，如图 2-2 所示。

（6）单击"分割"按钮，在相交处将圆弧分成 4 段，此时箭头为任意方向，如图 2-3 所示。

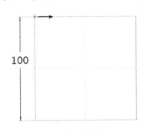
图 2-1 绘制矩形

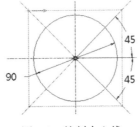
图 2-2 绘制中心线

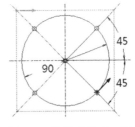
图 2-3 将圆弧分成 4 段

（7）用鼠标左键选择左上角的点，单击鼠标右键，在下拉菜单中选"起点"选项，圆形截面上的箭头与方形截面的箭头一致，如图 2-4 所示。

（8）单击"确定"按钮，创建混合实体特征（上圆下方），如图 2-5 所示。

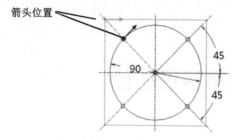

图 2-4 两箭头的位置对应　　　　　　图 2-5 上圆下方混合特征

2. 平行混合特征：天四地八

（1）启动 Creo Parametric 4.0，文件名为 blend_2，在模型环境下单击 形状▼，再选"混合"按钮，在操控板中单击"截面"按钮 截面，在滑板中选中"⊙草绘截面"，选"定义"按钮 定义...，选取 TOP 基准面为草绘平面，RIGHT 基准面为参考面，绘制一个截面矩形（100mm×100mm），如图 2-6 所示，单击"确定"按钮。

（2）单击"分割"按钮，将 AB 线段在中点处打断，然后选中 AB 的中点，单击鼠标右键，在下拉菜单中选"起点"，将该 AB 中点设为起点，如图 2-6 所示。

（3）用鼠标左键选中矩形的左上角的顶点，单击鼠标右键，在下拉菜单中选"混合顶点"。

（4）采用相同的方法，将矩形的另外 3 个顶点全部设为混合顶点。

（5）单击"确定"按钮，在操控板中单击"截面"按钮 截面，在滑板中选中"⊙草绘截面"，"草绘平面位置定义方式"选"⊙偏移尺寸"，"偏移自"选"截面 1"，距离为 30mm。

（6）单击"草绘"按钮 草绘...，单击"选项板"按钮，在【草绘器调色板】对话框中将八边形图标拖入绘图区中，如图 2-7 所示。

（7）把八边形的中心点拖到坐标系原点处，并将尺寸改为 80mm，如图 2-8 所示。

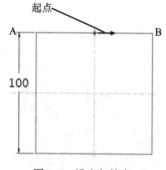

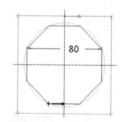

图 2-6 设定起始点　　　　图 2-7 选中"八边形"　　　　图 2-8 绘制八边形

（8）单击"分割"按钮，将八边形 CD 线段在中点处打断，然后选中 CD 的中点，单击鼠标右键，在下拉菜单中选"起点"，将 CD 中点设为起点，如图 2-9 所示。

（9）单击"确定"按钮，创建混合实体特征（天八地四），如图 2-10 所示。

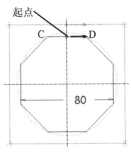 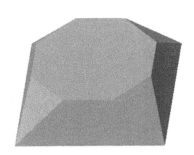

图 2-9　设定起点　　　　　　　　　图 2-10　天八地四混合特征

3. 旋转混合特征：戒子

（1）启动 Creo Parametric 4.0，文件名为 blend_3，在模型环境下单击 形状▼ ，在下拉菜单中选"旋转混合"按钮，在操控板中单击"截面"按钮 截面 ，在滑板中选中"◉草绘截面"，选"定义"按钮 定义... ，选取 TOP 基准面为草绘平面，RIGHT 基准面为参考面，绘制第一个截面，如图 2-11 所示。

（2）单击"坐标系"按钮，插入坐标系，在"基准"区域中单击"中心线"按钮，插入竖直中心线，如图 2-11 所示。

（3）单击"确定"按钮，在操控板中单击"截面"按钮 截面 ，在滑板中选中"◉草绘截面"，单击"插入"按钮 插入 ，"草绘平面位置定义方式"选"◉偏移尺寸"，"偏移自"选"截面 1"，角度为 120°。

（4）单击"草绘"按钮 草绘 ，单击"草绘视图"按钮，切换成草绘视图。

（5）单击"圆心和点"按钮，绘制一个圆（ϕ2mm），单击"草绘"区域的"中心线"按钮，绘制两条中心线，与 X 轴的夹角为 45°，单击"分割"按钮，在相交处将圆弧分成 4 段，并将箭头方向与第一个箭头方向一致，绘制第二个截面如图 2-12 所示。

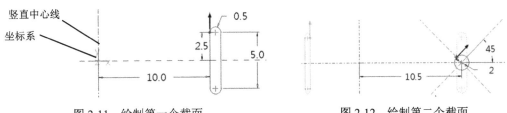

图 2-11　绘制第一个截面　　　　　　图 2-12　绘制第二个截面

（6）单击"确定"按钮，在操控板中单击"截面"按钮 截面 ，在滑板中选中"◉草绘截面"，单击"插入"按钮 插入 ，"草绘平面位置定义方式"选"◉偏移尺寸"，"偏移自"选"截面 2"，角度为 120°。

（7）单击"草绘"按钮 草绘 ，绘制第二个截面，如图 2-13 所示。

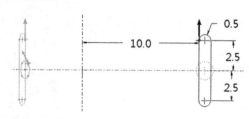

图 2-13 绘制第三个截面

（8）单击"确定"按钮✓，在"选项" 选项 滑板中选"●直"，创建的旋转混合体如图 2-14 所示，在"选项"滑板中选"●平滑"，创建的旋转混合体如图 2-15 所示，在"选项"滑板中勾选"☑连接终止截面与起始截面"，创建的旋转混合体如图 2-16 所示。

图 2-14 直的旋转混合　　　图 2-15 平滑的旋转混合　　　图 2-16 封闭的旋转混合

提示：旋转混合特征的特点是各截面所在的平面相交于同一直线，各截面之间的夹角小于 120°。

4. 一般混合（麻花钻）：截面可绕 $X\backslash Y\backslash Z$ 旋转，且有一定量的位移

（1）启动 Creo Parametric 4.0，文件名为 blend_4，在模型环境下单击 形状▼ ，在下拉菜单中选"混合"按钮，在操控板中单击"截面"按钮 截面 ，在滑板中选中"●草绘截面"，选"定义"按钮 定义... ，选取 TOP 基准面为草绘平面，RIGHT 基准面为参考面，绘制一个截面，如图 2-17 所示。

（2）单击"保存"按钮 ，保存该截面图形，该截面在后续的设计过程中可以多次调用。

（3）单击"确定"按钮✓，在操控板中单击"截面"按钮 截面 ，在滑板中选中"●草绘截面"，"草绘平面位置定义方式"选"●偏移尺寸"，"偏移自"选"截面1"，距离为 5mm。

（4）单击"草绘"按钮 草绘... ，在工作区上方单击"选项板"按钮 ，在"草绘器选项板"中选中"work"（这里的"work"指的是截面图形保存的目录，），如图 2-18 所示。

（5）将截面图形拖入工作区中，并将截面的中心与坐标系原点对齐，在操控板中输入角度为 45°，比例为 1，如图 2-19 所示。

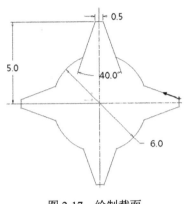 

图 2-17　绘制截面　　　　　　　　图 2-18　选中"work"

图 2-19　操控板

（6）单击"确定"按钮☑，插入第二个截面，如图 2-20 所示。

（7）按照相同的方法，创建 6 个截面，每个截面与前一截面的距离为 5mm，第 3 个截面的旋转角度为 90°，第 4 个截面为 135°，第 5 个截面为 180°，第 6 个截面为 225°）。

（8）单击"确定"按钮☑，创建一个混合特征，如图 2-21 所示。

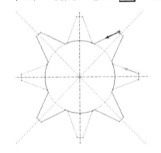 

图 2-20　添加第二个截面　　　　　　图 2-21　创建混合特征

提示：创建混合特征时，要求各截面有相同数量的图素。如果各截面图素的数量不相等，就可通过打断或增加混合顶点来实现。

5．扫描特征

（1）启动 Creo Parametric 4.0，文件名为 sweep_1，在模型环境下单击"扫描"按钮，在操控板中的右边单击"基准"按钮，在下拉菜单中选"草绘"按钮，选取 TOP 基准面为草绘平面，RIGHT 基准面为参考面，绘制一个椭圆，如图 2-22 所示。

（2）单击"确定"按钮☑，在操控板中单击"编辑截面"按钮，绘制一个截面，如图 2-23 所示。

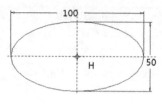

图 2-22 绘制轨迹线

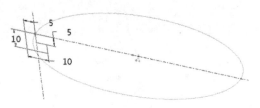

图 2-23 绘制截面

(3) 单击"确定"按钮☑,创建一个扫描特征,如图 2-24 所示。

6. 螺纹扫描

(1) 启动 Creo Parametric 4.0,文件名为 sweep_2,在模型环境下单击"旋转"按钮 ☒,绘制一个旋转体,如图 2-25 所示。

图 2-24 扫描特征

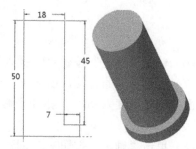

图 2-25 旋转体

(2) 单击"螺旋扫描"按钮 ☒,在操控板中的右边单击"参考"按钮 参考 ,单击"定义"按钮 定义... ,绘制一条轨迹线与竖直中心线,如图 2-26 所示。

(3) 单击"确定"按钮☑,在操控板中单击"编辑截面"按钮 ☒,绘制一个截面,如图 2-27 所示。

(4) 单击"确定"按钮☑,在操控板中选中"移除材料"按钮 ☒,螺距 ☒ 为 4mm。

(5) 单击"确定"按钮☑,创建一个螺纹,如图 2-28 所示。

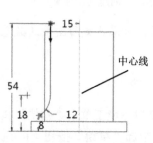

图 2-26 绘制轨迹与中心线

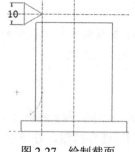

图 2-27 绘制截面

图 2-28 创建螺纹

7. 变截面扫描

(1) 启动 Creo Parametric 4.0,文件名为 sweep_3,在模型环境下单击"草绘"按钮,以 TOP 基准面为草绘平面,绘制一条直线,如图 2-29 所示。

(2)单击"确定"按钮☑,重新单击"草绘"按钮,以 TOP 基准面为草绘平面,任意绘制两条曲线(可以是样条曲线),如图 2-30 所示,单击"确定"按钮☑。

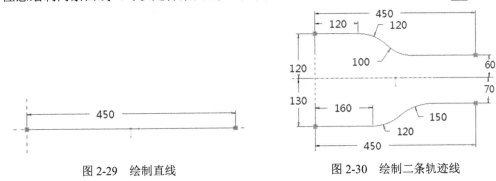

图 2-29 绘制直线　　　　　　图 2-30 绘制二条轨迹线

(3)单击"确定"按钮☑,重新单击"草绘"按钮,以 FRONT 基准面为草绘平面,任意绘制一条曲线(可以是样条曲线),如图 2-31 所示,单击"确定"按钮☑。

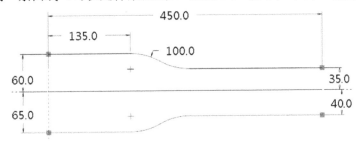

图 2-31 绘制第三、第四条轨迹线

(4)单击"确定"按钮☑,在模型环境下单击"扫描"按钮,先选取按照图 2-29 创建的直线为主曲线,按住键盘的 Ctrl 键,再选取另外四条曲线,如图 2-32 所示。

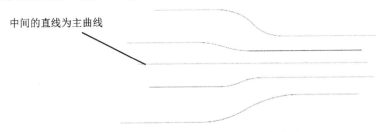

图 2-32 先选直线,再取另外三条曲线

(5)在操控板上选取"编辑截面"按钮和"可变截面"按钮☑,经过轨迹线的端点绘制任意封闭的截面(可以是矩形、圆形或样条曲线),如图 2-33 所示。

(6)单击"确定"按钮☑,创建一个可变截面扫描实体,如图 2-34 所示。

注意:运用变截面扫描创建实体时,截面所在的平面必须与主曲线垂直。

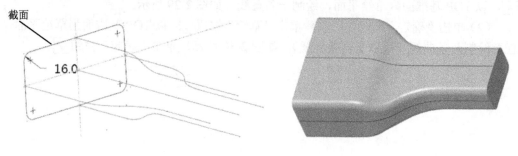

图 2-33　经过端点绘制截面　　　　　　图 2-34　可变截面扫描实体

8. 图形控制变截面扫描——螺杆限位槽（往复槽）

（1）启动 Creo Parametric 4.0，文件名为 sweep_4，单击"旋转"按钮，创建一个圆柱，其截面如图 2-35 所示。

（2）在"模型"选项卡中选取　基准▼　，在下拉菜单中选"图形"菜单，如图 2-36 所示。

（3）输入图形名称：ASD，单击"确定"按钮后，进入草绘窗口。

（4）单击"坐标系"按钮，插入坐标系，再绘制两段圆弧，如图 2-37 所示。

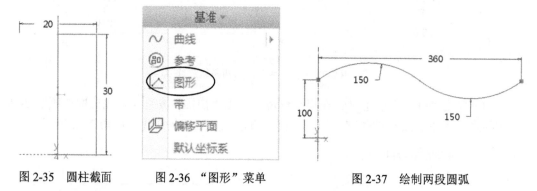

图 2-35　圆柱截面　　　　图 2-36　"图形"菜单　　　　图 2-37　绘制两段圆弧

（5）单击"确定"按钮，单击"扫描"按钮，选取圆柱底圆边线，再按住键盘的 Shift 键，然后选取底圆的整个边线，如图 2-38 所示。

（6）在操控板中单击"编辑截面"按钮，绘制一个截面，如图 2-39 所示。

（7）在横向菜单"工具"选项卡中选"d=关系"按钮，在文本框中输入关系式：sd#=evalgraph ("ASD",trajpar*360) /10 （sd#中的"#"是一个数字，指的是图 2-39 中标注为 8 的编号，不同的电脑在绘制此图时的编号不相同），单击"确定"按钮。

（8）在操控板中选中"移除材料"按钮与"可变截面"按钮，单击"确定"按钮，创建螺杆限位槽（往复槽），如图 2-40 所示。

图 2-38　选底圆边线

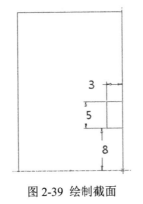

图 2-39　绘制截面

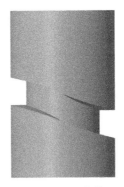

图 2-40　限位槽

9. 图形控制变截面扫描——正弦槽

（1）启动 Creo Parametric 4.0，文件名为 sweep_5，先创建长方体（20mm×10mm×2mm）。

（2）单击"扫描"按钮，选取长方体的边线为轨迹线，如图 2-41 所示。

（3）在操控板中单击"编辑截面"按钮，绘制一个截面，如图 2-42 所示。

图 2-41　选取轨迹线

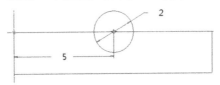

图 2-42　绘制截面

（4）在横向菜单"工具"选项卡中选"d=关系"按钮，在文本框中输入关系式：sd#=5+3*sin（trajpar*360）（sd#中的"#"是一个数字，指的是图 2-42 中标注为 5 的编号，每台计算机的代码可能不同），单击"确定"按钮。

（5）在操控板中选中"移除材料"按钮与"可变截面"按钮，单击"确定"按钮，创建正弦曲线槽，如图 2-43 所示。

10. 弹簧

（1）启动 Creo Parametric 4.0，文件名为 sweep_6，以 FRONT 为草绘平面，创建一条轨迹线，如图 2-44 所示，单击"确定"按钮。

（2）单击"基准轴"按钮，按住键盘的 Ctrl 键，选取 FRONT 与 RIGHT 基准面，单击"确定"按钮，创建基准轴，如图 2-45 所示。

（3）单击"螺旋扫描"按钮，按住键盘的 Ctrl 键，先选取轨迹线，再选基准轴。

（4）在操控板中单击"编辑截面"按钮，在轨迹线的端点处绘制一个截面，直径为ϕ5mm，如图 2-46 所示，单击"确定"按钮。

（5）在操控板中设定螺距为 8mm，单击"确定"按钮，创建一个弹簧，如图 2-47 所示。

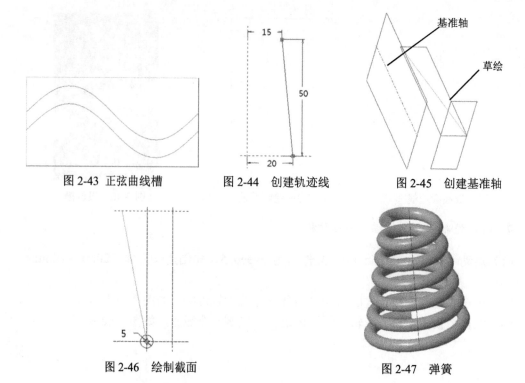

图 2-43 正弦曲线槽　　图 2-44 创建轨迹线　　图 2-45 创建基准轴

图 2-46 绘制截面　　图 2-47 弹簧

11. 拉伸-旋转混合（鸟巢）

（1）启动 Creo Parametric 4.0，文件名为 Swept Blend_1。

（2）以 FRONT 基准平面为草绘平面，绘制一个草图，如图 2-48 所示。

（3）在模型树中选中刚才创建的草绘 1，再单击"镜像"按钮，以 RIGHT 基准面为镜像平面，镜像刚才创建的草图，如图 2-49 所示。

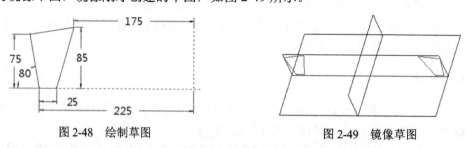

图 2-48 绘制草图　　图 2-49 镜像草图

（4）单击"拉伸"按钮，在操控板中单击"放置"按钮 放置，在"草绘"滑板中单击"定义"按钮 定义...，选取 RIGHT 基准平面为草绘平面，TOP 基准面为参考平面，方向向上，单击"草绘"按钮 草绘，绘制一个草图，如图 2-50 所示。

（5）单击"确定"按钮，在操控板中选中拉伸类型"对称"按钮，拉伸长度为 100mm，创建一个拉伸特征，如图 2-51 所示。

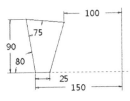
图 2-50　绘制草图

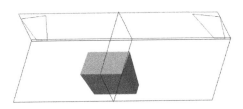
图 2-51　创建拉伸特征

（6）在模型树中选中刚才创建的拉伸 1，再单击"镜像"按钮，以 FRONT 基准面为镜像平面，镜像刚才创建的拉伸特征，如图 2-52 所示。

（7）在模型环境下单击"形状▶"，在下拉菜单中选"旋转混合"按钮，在操控板中单击"截面"按钮 截面，在滑板中选中"⦿选定截面"，选取第一个拉伸体端面的边线（选取边线时，先选其中一条边线，再按住键盘的 Shift 键，依次选取其余边线），再选"插入"按钮 插入，选取草图，再选"插入"按钮 插入，选取第二个拉伸体端面的边线，创建临时的混合扫描特征（呈黄色）。

（8）在操控板中单击"相切"按钮 相切，"开始截面"选"相切" 相切，图形上出现一条红色的线，依次选取红线所对应的侧面，旋转混合特征的侧面与原拉伸特征相切。

（9）采用相同的方法，将"终止截面"选"相切"，设定旋转混合扫描实体与拉伸体相切，如图 2-53 所示。

（10）采用相同的方法，创建另一个旋转混合体如图 2-54 所示。

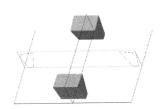
图 2-52　镜像拉伸体

图 2-53　旋转混合体

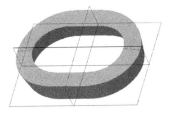
图 2-54　旋转混合实体

（11）单击"拉伸"按钮，选 TOP 为草绘平面，在工具栏中单击"投影"按钮，选取刚才创建的实体的底面边线，在操控板中拉伸类型选"盲孔"，深度为 10mm，创建一个拉伸体，如图 2-55 所示。

（12）单击"边倒圆"按钮，创建边倒圆特征（R5mm），如图 2-56 所示。

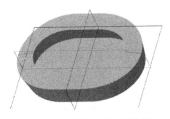
图 2-55　创建一个拉伸体

图 2-56　创建边倒圆角特征

12. 扫描混合（弯钩）（以内部轨迹线与内部截面创建实体）

（1）启动 Creo Parametric 4.0，文件名为 Swept Blend_2。

（2）单击"扫描混合"按钮，在操控板的最右边单击"基准"按钮，在下拉滑板中单击"草绘"按钮，以 FRONT 基准面为草绘平面，绘制轨迹线，如图 2-57 所示。

（3）单击"确定"按钮，在操控板中单击右三角形按钮，设定扫描混合的起点（双击箭头可切换箭头的起点），如图 2-58 所示。

（4）在操控板中单击"截面"按钮，在滑板中选"草绘截面"，再单击"草绘"按钮，绘制一个矩形截面，如图 2-59 所示。

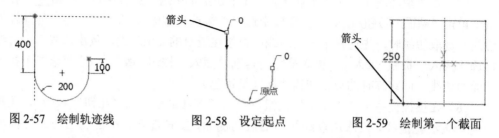

图 2-57 绘制轨迹线　　图 2-58 设定起点　　图 2-59 绘制第一个截面

（5）在操控板中单击"插入"按钮，在轨迹线上选取直线的端点为第二个截面的位置，如图 2-60 所示。

（6）单击"草绘"按钮，绘制一个 φ250mm 的圆，并绘制两条中心线，将圆弧打断成 4 段，如图 2-61 所示。（注意箭头位置）

（7）在操控板中单击"插入"按钮，在轨迹线上选取圆弧的端点为第三个截面的位置，如图 2-62 所示。

图 2-60 选取第二个截面位置　　图 2-61 绘制第二个截面　　图 2-62 选取第三个截面位置

（8）单击"草绘"按钮，绘制一个 φ100mm 的圆，并绘制两条中心线，将圆弧打断成 4 段，如图 2-63 所示。（注意箭头位置）

（9）在操控板中单击"插入"按钮，系统默认轨迹线的端点为第四个截面的位置，单击"草绘"按钮，单击"点"按钮，在轨迹线的端点处绘制一个点。

（10）单击"确定"按钮，单击"相切"按钮，"终止截面"选"平滑"，单击"确定"按钮，创建混合扫描特征，如图 2-64 所示。

提示：如果选"尖角"的特征"终止截面"是什么形状？

第 2 章　基本特征设计

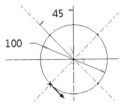

图 2-63　绘制第三个截面

图 2-64　创建混合扫描特征

13．扫描混合——门把手

先创建轨迹线与截面，再创建扫描混合特征。

（1）启动 Creo Parametric 4.0，文件名为 Swept Blend_3。

（2）单击"草绘"按钮，以 FRONT 基准面为草绘平面，再单击"样条"按钮，在工作区中选取 5 个点，绘制一条样条曲线，并设定样条曲线与竖直参考线相切，如图 2-65 所示。

（3）单击"草绘"按钮，以 TOP 基准面为草绘平面，绘制一个截面，如图 2-66 所示。

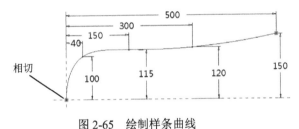

图 2-65　绘制样条曲线　　　　　　　　图 2-66　绘制截面

（4）单击"基准点"按钮，选中样条曲线，在【基准点】对话框中选中"⊙参考"，按住键盘的 Ctrl 键后，再选中 RIGHT 基准面，距离为 250mm，如图 2-67 所示。

（5）单击"确定"按钮，创建第一个基准点。

（6）同样的方法，创建另外一个基准点，与 RIGHT 基准面的距离为 100mm。

（7）单击"基准平面"按钮，选中样条曲线，在【基准平面】对话框中选"垂直"选项，如图 2-68 所示。

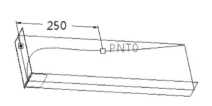

图 2-67　创建第一个基准点

图 2-68　选"垂直"选项

(8) 按住键盘的 Ctrl 键后，再选中第一个基准点，创建基准平面。

(9) 采用相同的方法，通过第二个基准点以及曲线的端点，创建另外两个基准平面，如图 2-69 所示。

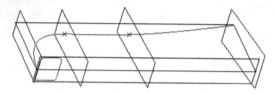

图 2-69　创建 3 个基准平面

(10) 单击"草绘"按钮，以刚才创建的基准面为草绘平面，FRONG 其平面为参考平面，方向向右，绘制三个截面曲线，如图 2-70、图 2-71 和图 2-72 所示。

提示：设定基准点与圆弧重合时，基准点的选择方法是先把鼠标放在基准点附近，再单击鼠标右键，在下拉菜单中选"从列表中拾取"，再在列表中选取基准点。

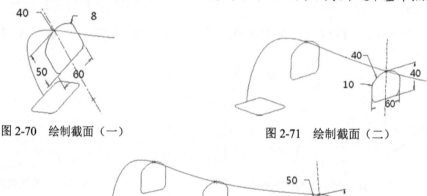

图 2-70　绘制截面（一）　　　　　　　图 2-71　绘制截面（二）

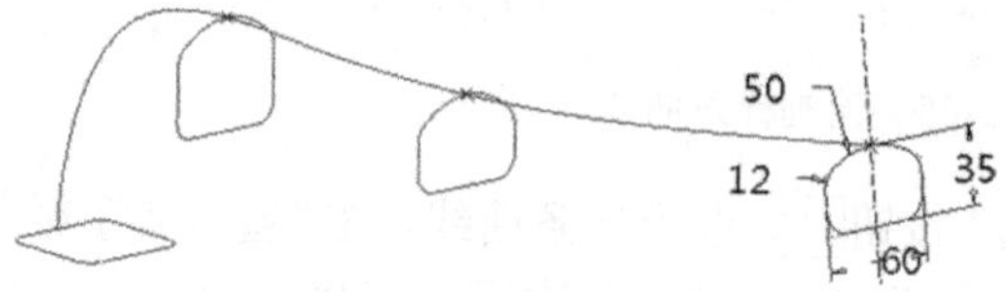

图 2-72　绘制截面（三）

(11) 单击"扫描混合"按钮，先选取样条曲线为轨迹线，再在操控板中选取"截面"按钮 截面 ，在滑板中选"⦿选定截面"，选第一个截面，再选"插入"按钮 插入 ，选第二个截面，再选"插入"按钮 插入 ，选第三个截面，再选"插入"按钮 插入 ，选第四个截面（选截面时，必须使每个截面的起始位置对应）。

(12) 单击"确定"按钮，创建混合扫描特征，如图 2-73 所示。

图 2-73　混合扫描特征

14. 变截面扫描——花洒

（1）启动 Creo Parametric 4.0，文件名为 sweep_7，以 FRONT 为草绘平面，创建一条椭圆曲线和直线，如图 2-74 所示，单击"确定"按钮。

（2）相同的方法，绘制第二条轨迹线，如图 2-75 所示。

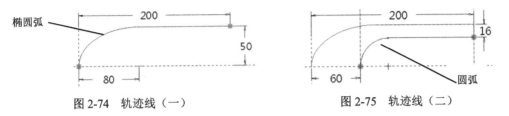

图 2-74　轨迹线（一）　　　　　　　图 2-75　轨迹线（二）

（3）单击"扫描"按钮，选取先选取第二条轨迹线，再按住键盘的 Ctrl 键，然后选取第一条轨迹线，在操控板中单击"编辑截面"按钮，任意绘制一个圆。

（4）单击"重合"按钮，先选中圆，再在屏幕右下角选中"全部"按钮，在菜单中选"顶点"，如图 2-76 所示，选中曲线端点后，圆弧与轨迹线的端点重合，如图 2-77 所示。

图 2-76　选"顶点"　　　　　图 2-77　圆弧与轨迹线端点重合

（5）单击"确定"按钮，在操控板中选中"创建薄板特征"按钮，"厚度"为 2mm。

（6）单击"确定"按钮，创建花洒实体（变截面扫描实体），如图 2-78 所示。

图 2-78　花洒（变截面扫描实体）

15. 拉伸-旋转

（1）启动 Creo Parametric 4.0，文件名为 Ext-Rev。

（2）单击"拉伸"按钮，选取 TOP 基准面为草绘平面，绘制五边形，如图 2-79 所示。

(3) 单击"确定"按钮✓，创建一个拉伸特征，拉伸高度为50mm。

(4) 单击"旋转"按钮，选取FRONG基准面为草绘平面，绘制一条圆弧（R300mm），如图2-80所示。

(5) 单击"基准中心线"按钮，绘制一条竖直中心线，如图2-80所示。

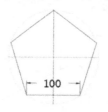

图 2-79　绘制5边形

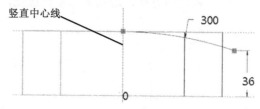

图 2-80　绘制圆弧与中心线

(6) 单击"确定"按钮✓，在"旋转"操控板中选"曲面"选项，旋转角度为360°，如图2-81所示。

图 2-81　"旋转"操控板

(7) 单击"确定"按钮✓，创建旋转曲面，如图2-82所示。

(8) 选中曲面，单击"实体化"按钮，在操控板上单击"移除材料"按钮，单击"反向"按钮，使工作区的箭头方向朝上。

(9) 单击"确定"按钮✓，创建移除特征，如图2-83所示。

图 2-82　创建旋转曲面

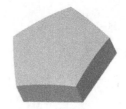

图 2-83　移除特征

16. 环形折弯——轮胎

(1) 启动Creo Parametric 4.0，新建一个文件，文件名为luntai.prt。

(2) 单击"拉伸"按钮，选取TOP基准面为草绘平面，绘制一个截面，如图2-84所示。

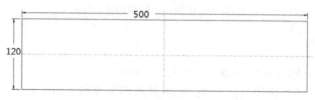

图 2-84　绘制截面

(3)单击"确定"按钮☑,创建一个拉伸特征,拉伸高度为5mm。
(4)单击"拉伸"按钮,选取零件上表面为草绘平面,绘制一个截面,如图2-85所示。

图2-85　绘制截面

(5)单击"确定"按钮☑,创建一个拉伸特征,拉伸高度为8mm。
(6)选择刚才创建的拉伸特征,选"阵列"按钮,在"阵列"操控板中"阵列类型"选"方向",选 FRONT 基准面,数量为 4,距离为 10mm,再在操控板中单击,然后选 RIGHT 基准面,数量为14,距离为500/14,如图2-86所示。

图2-86　"阵列"操控板

(7)单击"确定"按钮☑,创建阵列特征,如图2-87所示。

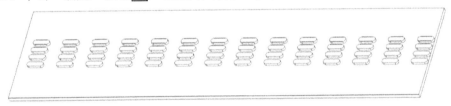

图2-87　创建阵列特征

(8)在横向菜单中选取"模型"选项卡,再选 工程▼ ,然后选"环形折弯"命令。
(9)在"环形折弯"操控板中选 参考 ,勾选"☑实体几何"复选框,单击"轮廓曲面"文本框所对应的 定义... 。
(10)选取 RIGHT 为草绘平面,TOP 为参考平面,方向向上,绘制一个截面,如图2-88所示。
(11)在"基准"区域中单击"坐标系"按钮,绘制一个基准坐标系,如图2-88所示。
(12)单击"确定"按钮☑,在操控板中选"360度折弯",如图2-89所示。
(13)先选端面A,再选端面B,如图2-90所示。
(14)单击"确定"按钮☑,创建折弯特征,如图2-91所示。
(15)如果在操控板中改为选"折弯半径","半径"为200,则零件如图2-92所示。

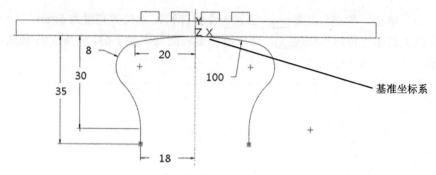

图 2-88 绘制截面与基准坐标系

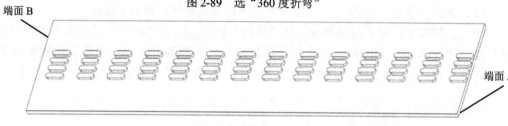

图 2-89 选 "360 度折弯"

图 2-90

图 2-91 创建 "360 度折弯" 特征

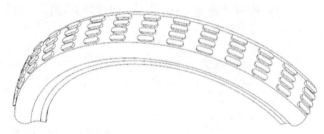

图 2-92 按折弯半径创建折弯特征

第3章 Pro/E 版特征命令

在早期的 Pro/E 版本中，有许多使用非常方便的命令（轴、法兰、环形槽、槽、半径圆顶、截面圆顶、耳、唇），但在 Pro/E 升级到 Creo 后，这些命令没有出现在菜单中，应先加载一个变量，调出这些命令后，才能使用这些 Pro/E 版特征命令。

1. 调用 Pro/E 版特征命令

（1）启动 Creo，单击"新建"按钮，在"新建"对话框中"类型"选取"◉ 零件"，"子类型"选取"◉ 实体"，单击"确定"按钮 确定 ，进入建模环境。

（2）依次选取"文件"，再选" 选项"命令，在【Creo Parametric 选项】对话框中选取"配置编辑器"选项，单击 添加(A)... ，"选项名称"中输入"allow_anatomic_features"，在"选项值"中选"yes"，如图 3-1 所示。

图 3-1 加载变量

（3）单击"确定"按钮 确定 ，退出"Creo Parametric 选项"。

（4）单击"文件"，再选" 选项"命令，单击"自定义"选"功能区"选项，单击"新建"按钮 新建 ▼ ，选取"新建选项卡（W）"命令，并把新创建的选项卡更名为"Pro/E 版特征命令"，如图 3-2 所示。

（5）在类别中选"所有命令"类别: 所有命令 (设计零件) ▼ ，在"名称"栏中选中 截面圆顶 ，单击➡按钮，把"截面圆顶"命令添加到右边 Pro/E 版特征命令栏中，如图 3-2 所示。

（6）采用相同的方法，把轴、耳、唇、半径圆顶、截面圆顶、环形槽、法兰、槽等命令添加到"Pro/E 版特征命令"选项卡中去，如图 3-2 所示。

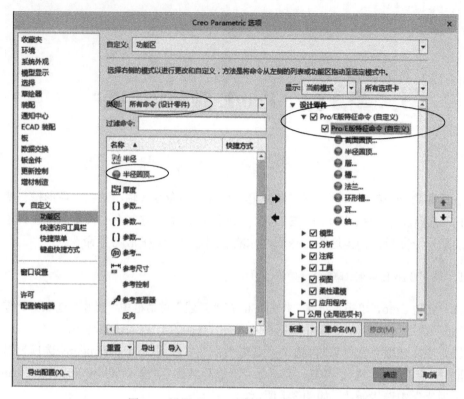

图 3-2 设置"Pro/E 版特征命令"选项卡

（7）单击"确定"按钮 确定 ，系统添加"Pro/E 版特征命令"选项卡，如图 3-3 所示。

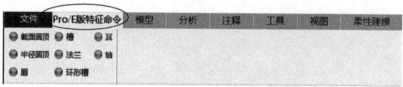

图 3-3 添加"Pro/E 版特征命令"选项卡

在开始讲述下面内容前，先创建两个长方体，尺寸分别为 100mm×100mm×50mm 与 60mm×60mm×40mm，如图 3-4 所示，作为创建 Pro/E 版特征命令特征的基体，零件名称为 old_1.prt。

2. 轴特征命令的应用

（1）在"Pro/E 版特征命令"选项卡中单击"轴"按钮 轴，在【菜单管理器】中选取"线性"选项后，单击"完成"按钮，如图 3-5 所示。

（2）绘制一个封闭的草图，如图 3-6 所示。

（3）单击"基准中心线"按钮 ，绘制一条竖直的中心线，如图 3-6 所示。

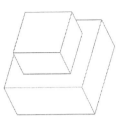

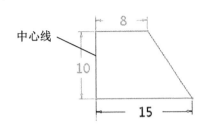

图 3-4　两个长方体　　　　图 3-5　菜单管理器　　　　图 3-6　绘制草图与中心线

（4）单击"确定"按钮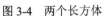，选取底面①为轴的放置面，侧面②为参考面，距离为 15mm，侧面③为参考面，距离为 15mm，如图 3-7 所示。

（5）单击"确定"按钮 确定 ，创建轴特征，小头是放置面，如图 3-8 所示。

（6）再次单击"轴"按钮 轴，在【菜单管理器】中选取"同轴"后，再单击"完成"。

（7）绘制一个封闭的草图和基准中心线，如图 3-9 所示。

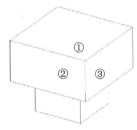

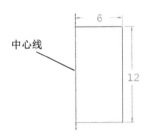

图 3-7　选取放置面和参考面　　　图 3-8　创建轴特征　　　图 3-9　绘制草图与中心线

（8）单击"确定"按钮，选取上一步创建的轴特征的中心轴及底面，创建第二个轴特征，如图 3-10 所示。

（9）采用相同的方法，创建另外几个轴特征，如图 3-11 所示。

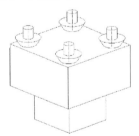

图 3-10　创建第二个轴特征　　　　　　图 3-11　创建其他轴特征

3．法兰特征命令的应用

（1）单击"法兰"按钮 法兰，在【菜单管理器】中依次选取"可变"、"单侧"、"完成"选项。

(2)选取 RIGHT 基准面为草绘平面,在【菜单管理器】中单击"确定"按钮,再选"顶部"选项,选 TOP 基准面。

(3)绘制一个开放的截面(该截面是开放的),如图 3-12 所示。

(4)单击"草绘中心线"按钮,绘制一条水平中心线,如图 3-12 所示。

(5)单击"确定"按钮,输入法兰的角度 250°,创建法兰特征,如图 3-13 所示。

注意:法兰的附着面必须比法兰大,否则不能创建法兰。

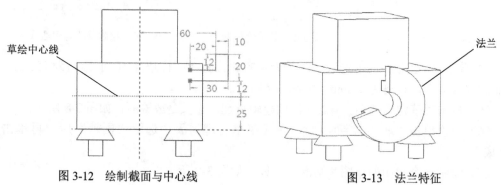

图 3-12 绘制截面与中心线   图 3-13 法兰特征

(6)单击"法兰"按钮,在【菜单管理器】中依次选取"360"、"单侧"、"完成"选项。

(7)选取 FRONT 基准面为草绘平面,在【菜单管理器】中单击"确定"按钮,再选"顶部"选项,选 TOP 基准面。

(8)绘制一个截面(该截面是开放的)与草绘中心线,如图 3-14 所示。

(9)单击"确定"按钮,创建法兰特征,如图 3-15 所示。

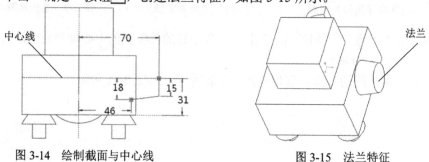

图 3-14 绘制截面与中心线   图 3-15 法兰特征

4. 槽特征命令的应用

(1)单击"槽"按钮,在【菜单管理器】中依次选取"旋转"、"实体"、"完成"选项,再次选取"单侧"、"完成"选项,选取 FRONT 基准面为草绘平面,单击"确定"按钮,选顶"顶部"选项,选 TOP 基准面为参考面。

(2)绘制一个截面(该截面是封闭的)与基准中心线,如图 3-16 所示。

(3)单击"确定"按钮,在【菜单管理器】中选"可变"与"完成"选项。

(4)输入槽的角度 250°,创建槽特征,如图 3-17 所示。

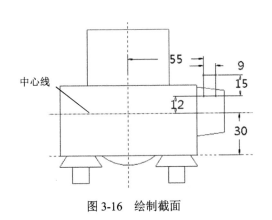

图3-16 绘制截面

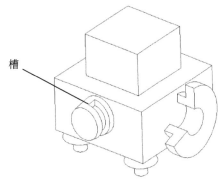

图3-17 创建"槽"特征

（5）再次单击"槽"按钮 槽，在【菜单管理器】中依次选取"拉伸"、"实体"、"完成"选项，再次选取"双侧"、"完成"选项，单击"使用选前的"，单击"确定"按钮。

（6）绘制一个截面（该截面是封闭的），如图3-18所示。

（7）单击"确定"按钮 ，在【菜单管理器】中选"2侧深度"与"完成"选项。

（8）输入"深度1"为20mm，"深度2"为40mm。

（9）单击"确定"按钮 确定 ，创建槽特征，如图3-19所示。

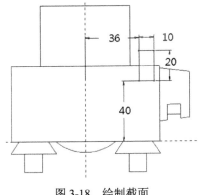

图3-18 绘制截面

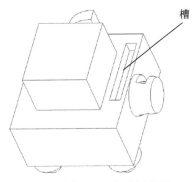

图3-19 创建槽特征

5. 环形槽特征命令的应用

（1）单击"环形槽"按钮 环形槽，在【菜单管理器】中依次选取"可变"、"单侧"、"完成"选项，选取RIGHT基准面为草绘平面，单击"确定"按钮，选项"顶部"选项，选TOP基准面为参考面。

（2）绘制一个截面（该截面是开放的）与基准中心线，如图3-20所示。

（3）单击"确定"按钮 ，在【菜单管理器】中选"可变"与"完成"选项。

（4）输入槽的角度250°，创建环形槽特征，如图3-21所示。

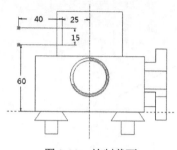
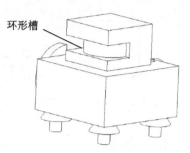

图 3-20　绘制截面　　　　　　　　　图 3-21　创建环形槽特征

6. 耳特征命令的应用

（1）单击"耳"按钮 耳，在【菜单管理器】中依次选取"可变"、"完成"选项，选取零件前方的侧面为草绘平面，单击"确定"按钮，选顶"顶部"选项，选 TOP 基准面为参考面。

（2）绘制一个截面（该截面是开放的），如图 3-22 所示。

（3）单击"确定"按钮 ✓，依次输入"耳"的厚度为 3mm，半径为 10mm，折弯角为 60°，创建耳特征，如图 3-23 所示。

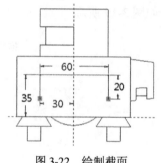
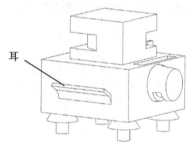

图 3-22　绘制截面　　　　　　　　　图 3-23　创建耳特征

7. 唇特征命令的应用

（1）单击"唇"按钮 唇，在【菜单管理器】中选取"单一"选项，按住键盘的 Ctrl 键，选取圆柱底面的边线，如图 3-24 所示。

（2）在【菜单管理器】中选取"完成"按钮，选取圆柱的底面为"要偏移的曲面"，输入偏移值为 1.5mm，"从边到拔模面的距离"为 1mm。

（3）选取圆柱的底面为拔模参考面，输入拔模角为 5°。

（4）单击"确定"按钮 ✓，创建唇特征，如图 3-25 所示。

（5）采用相同的方法，创建另外三个圆柱的唇特征。

8. 半径圆顶特征命令的应用

（1）单击"半径圆顶"按钮 半径圆顶，先选取零件最顶部的四方形平面，再选取四方形平面的一条侧边,输入圆顶半径 50mm。

(2)单击"确定"按钮 ✓,创建圆顶特征,如图 3-26 所示。

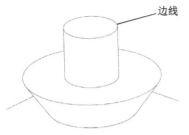
图 3-24 选取边线

图 3-25 创建唇特征

图 3-26 创建圆顶特征

9. 截面扫描圆顶:一条轨迹线,一条剖面线

(1)单击"截面圆顶"按钮 截面圆顶,在"菜单管理器"中依次选取"扫描"、"一个轮廓"、"完成"选项,在零件图上先选取正方体上未创建特征的侧面,再选取 FRONT 基准面为草绘平面,在"菜单管理器"中依次单击"确定"、"底面"选项,再选取 RIGHT 基准面为参考面,绘制一条圆弧(R50mm),如图 3-27 所示。

(2)单击"确定"按钮 ✓,选取零件的底面为草绘平面,在"菜单管理器"中依次单击"确定"、"底面"选项,再选取 RIGHT 基准面为参考面,绘制一条圆弧(R140mm),如图 3-28 所示。

(3)单击"确定"按钮 ✓,创建圆顶特征,如图 3-29 所示。

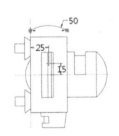
图 3-27 绘制截面(一)

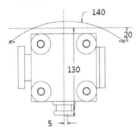
图 3-28 绘制截面(二)

图 3-29 扫描圆顶特征

在开始讲述下面内容前,先重新创建 1 个长方体(100mm×50mm×25mm)。

10. 截面混合圆顶:一条轨迹线,二条或多条剖面线

(1)单击"截面圆顶"按钮 截面圆顶,在"菜单管理器"中依次选取"混合"、"一个轮廓"、"完成"选项,先选取长方体的上表面,再选取长方体的右端面为草绘平面,在"菜单管理器"中单击"确定"选项,再单击"顶部"选项,选取长方体的上表面为参考面,绘制截面(一)(R100mm),如图 3-30 所示。

(2)单击"确定"按钮 ✓,选取长方体另一个方面的侧面为草绘平面,在"菜单管理器"中单击"确定"选项,再单击"顶部"选项,选取长方体的上表面为参考面,绘制截面(二)(R200mm),如图 3-31 所示。

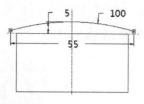
图3-30 绘制截面（一）

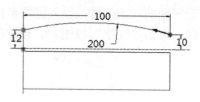
图3-31 绘制截面（二）

（3）单击"确定"按钮☑，在"菜单管理器"中单击"输入值"选项，在文本框中输入30mm，绘制截面（三），此时截面（二）切换成灰色，（注意：截面（二）与截面（三）的箭头必须对应），如图3-32所示。

（4）单击"确定"按钮☑，在"确认"提示框中单击"否"按钮 否(N)，创建圆顶特征，如图3-33所示。

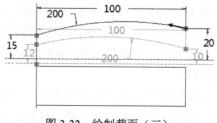
图3-32 绘制截面（三）

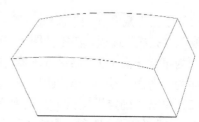
图3-33 创建混合圆顶特征

11. 截面混合圆顶：无轨迹线，二条或多条剖面线

（1）单击"截面圆顶"按钮 截面圆顶，在"菜单管理器"中依次选取"混合"、"无轮廓"、"完成"选项，先选取实体的下表面，再选取长方体的右端面为草绘平面，在"菜单管理器"中单击"确定"选项，再单击"顶部"选项，选取长方体的下表面为参考面，绘制一条样条曲线为截面（一），如图3-34所示。

（2）单击"确定"按钮☑，在"菜单管理器"中单击"输入值"选项，在文本框中输入50mm，选取TOP基准面与FRONT基准面为参考面，绘制截面（二），此时截面（一）切换成灰色。

注意：截面（二）与截面（一）的箭头必须对应），如图3-35所示。

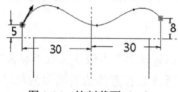
图3-34 绘制截面（一）

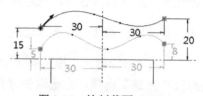
图3-35 绘制截面（二）

（3）单击"确定"按钮☑，在"确认"提示框中单击"是"按钮 是(Y)，在"菜单管理器"中单击"输入值"选项，在文本框中输入50mm，选取TOP基准面与FRONT基准面为参考面，绘制截面（三），此时截面（一）与截面（二）切换成灰色。

注意：截面（三）的箭头必须与前面截面的箭头对应），如图 3-36 的所示。

（4）单击"确定"按钮☑，在"确认"提示框中单击"否"按钮 否(N)，创建圆顶特征，如图 3-37 所示。

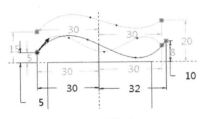

图 3-36　绘制截面（三）

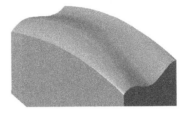

图 3-37　创建混合圆顶特征

第4章 简单零件建模

本章通过几个简单零件的设计,详细介绍 Creo 实体建模的一般过程。

1. 拉伸特征(支撑柱)

本节主要介绍用拉伸特征的创建方式,创建如图 4-1 所示的支撑柱实体造型。

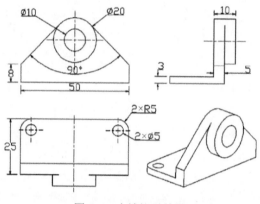

图 4-1 支撑柱零件图

(1)启动 Creo Parametric 4.0,在 Creo Parametric 4.0 的起始界面下单击"选择工作目录"按钮,选取 D:\Creo 4.0 Ptc\Work 为工作目录,所创建的模型图放在此目录下。

(2)单击"新建"按钮,在【新建】对话框中"类型"选中"⦿ □零件","子类型"为"⦿ 实体","名称"为"zhichengzhu",取消"使用默认模板"复选框前面的"√"。

(3)单击"确定"按钮,选取"mmns_part_solid"(公制,单位:毫米·牛顿·秒)。

(4)单击"确定" 确定 ,单击"拉伸"按钮,在操控板中单击"放置"按钮 放置 ,在"草绘"滑板中单击"定义"按钮 定义... ,选取 TOP 基准面为草绘平面,RIGHT 基准面为参考平面,方向向右,单击"草绘"按钮 草绘 ,进入草绘模式。

(5)单击"草绘视图"按钮,将视图切换至草绘平面。

(6)单击"拐角矩形"按钮,绘制一个矩形截面(50mm×25mm),如图 4-2 所示。

(7)单击"确定"按钮,在操控板中选取"拉伸为实体"按钮,深度类型选"盲孔"选项,深度为 3mm。

(8)单击"确定"按钮,创建一个拉伸特征。

(9)单击"拉伸"按钮,单击"放置"按钮 放置 ,单击"定义"按钮 定义... ,选取 ABCD 平面为草绘平面,如图 4-3 所示,RIGHT 基准面为参考平面,方向向右。

第4章　简单零件建模

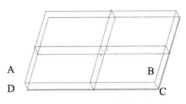

图4-2　绘制矩形截面　　　　　图4-3　绘制截面

（10）单击"草绘"按钮 草绘 ，进入草绘模式。绘制一个截面，如图4-4所示。

（11）单击"确定"按钮✓，在操控板中选取"拉伸为实体"按钮□，类型选"盲孔"选项，深度为5mm，单击"反向"按钮，使箭头朝向零件方向。

（12）单击"确定"按钮✓，创建拉伸特征，如图4-5所示。

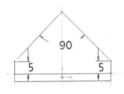

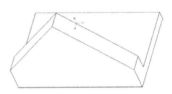

图4-4　绘制截面　　　　　　图4-5　创建拉伸特征

（13）单击"倒圆角"按钮，在实体上创建倒圆角特征（R10mm），如图4-6所示。

（14）单击"拉伸"按钮，单击"放置"按钮 放置 ，单击"定义"按钮 定义... ，选取零件的前表面为草绘平面，RIGHT基准面为参考平面，方向向右。

（15）单击"草绘"按钮 草绘 ，进入草绘模式，单击"草绘视图"按钮，切换视角。

（16）在快捷栏中单击"同心圆"按钮，绘制一个φ20mm的圆，如图4-7所示。

（17）单击"确定"按钮✓，在操控板中选取"拉伸为实体"按钮□，深度类型选"盲孔"选项，深度为5mm。

（18）单击"确定"按钮，创建一个拉伸特征，如图4-8所示。

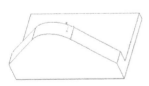

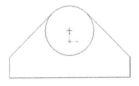

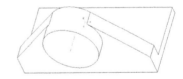

图4-6　创建倒圆特征　　　图4-7　绘制同心圆　　　图4-8　创建拉伸实体

（19）单击"拉伸"按钮，单击"放置"按钮 放置 ，单击"定义"按钮 定义... ，选取零件的前表面为草绘平面，RIGHT基准面为参考平面，方向向右。

（20）单击"草绘"按钮 草绘 ，进入草绘模式，单击"草绘视图"按钮，切换视角。

（21）在快捷栏中单击"同心圆"按钮，绘制一个φ10mm的圆，如图4-9所示。

（22）单击"确定"按钮✓，在操控板中选取"拉伸为实体"按钮□，深度类型选

"通孔"选项,单击左边的"反向"按钮,使箭头朝向零件方向,选中"移除材料"按钮。

（23）单击"确定"按钮,创建一个切除特征,如图4-10所示。

（24）单击"倒圆角"按钮,在实体上创建倒圆角特征（R5mm）,如图4-11所示。

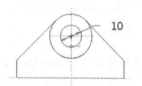

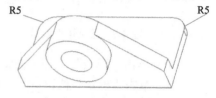

图4-9　绘制同心圆　　　　图4-10　创建通孔特征　　　　图4-11　创建边倒圆特征

（25）单击"拉伸"按钮,单击"放置"按钮,单击"定义"按钮,选取TOP基准面为草绘平面,RIGHT基准面为参考平面,方向向右。

（26）单击"草绘"按钮,进入草绘模式,单击"草绘视图"按钮,切换视角。

（27）在快捷栏中单击"同心圆"按钮,绘制两个φ5mm的圆,如图4-12所示。

（28）单击"确定"按钮,在操控板中选取"拉伸为实体"按钮,深度类型选"通孔"选项,选中"移除材料"按钮。

（29）单击"确定"按钮,创建两个通孔特征,如图4-13所示。

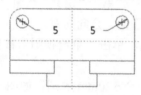
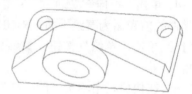

图4-12　绘制截面　　　　　　　图4-13　创建切除特征

（30）单击"保存"按钮,保存文件。

2. 旋转特征（旋钮）

本节主要介绍用旋转特征的创建方式,创建如图4-14所示的旋钮实体造型。

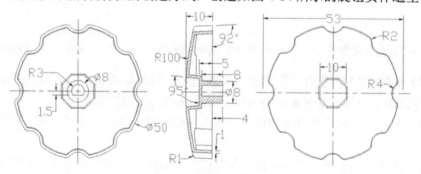

图4-14　旋钮零件图

第 4 章　简单零件建模

（1）启动 Creo Parametric 4.0，在 Creo Parametric 4.0 的起始界面下单击"选择工作目录"按钮，选取 D：\Creo 4.0 Ptc\Work\为工作目录，所创建的模型图放在此目录下。

（2）单击"新建"按钮，在【新建】对话框中"类型"选"⊙□零件"，"子类型"选"⊙实体"，"名称"为"xuanniu"，取消"使用默认模板"复选框前面的"√"。

（3）单击"确定"按钮，选取"mmns_part_solid"（公制，单位：毫米·牛顿·秒）。

（4）单击"确定"，在快捷栏中单击"旋转"按钮，在操控板中单击"放置"按钮 放置 ，在"草绘"滑板中单击"定义"按钮 定义... ，选取 FRONT 基准面为草绘平面，RIGHT 基准面为参考平面，方向向右，单击"草绘"按钮 草绘 ，进入草绘模式。

（5）单击"草绘视图"按钮，绘制一个截面，圆弧的圆心在 Y 轴上，如图 4-15 所示。

（6）单击"基准"区域的中心线按钮，绘制一条竖直中心线，如图 4-15 所示。

（7）单击"确定"按钮，在操控板中选取"实体"按钮，深度类型选"盲孔"选项，角度为 360°。

（8）单击"确定"按钮，创建旋转特征，切换成标准方向视角后效果如图 4-16 所示。

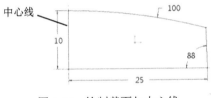　　　　

图 4-15　绘制截面与中心线　　　　图 4-16　创建旋转特征

（9）单击"拉伸"按钮，在操控板中单击"放置"按钮 放置 ，再在"草绘"滑板中单击"定义"按钮 定义... ，在操控板中单击"基准"下方的"下三角形"按钮，如图 4-17 所示。

图 4-17　单击"下三角形"按钮

（10）在【基准】对话框中选取"基准平面"按钮，在工作区中选 TOP 基准面为参考平面，距离为 5mm，方向向上，如图 4-18 所示，单击"确定"。

（这种方法创建的基准面称为内部基准面，它与其父特征一一对应，不在工作区中显示出来，可以保持零件的整洁，以避免基准平面太多的情况下无法分清，请大家以后在绘图过程中，尽量用这样方法创建内部基准面）

（11）选 RIGHT 基准面为参考平面，方向向右，单击"草绘"按钮 草绘 。

（12）单击"草绘视图"按钮，单击"圆心和点"按钮，绘制一个圆（φ10mm）。

（13）选中该圆，再长按鼠标右键，在下拉菜单中选"构造"，该圆周转变为构造线，如图4-19所示。

（14）单击"线链"按钮 ✓，任意绘制一个八边形，再通过"相等"命令 ═，使每条边长相等，内角为135°，将其转化为正八边形，且与构造圆相切，如图4-20所示。

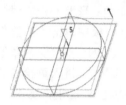
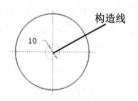
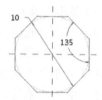

图4-18 创建内部基准面　　　图4-19 转化为构造线　　　图4-20 绘制正八边形

（15）单击"确定"按钮 ✓，在操控板中选取"拉伸为实体"按钮 ▢，深度类型选"通孔"选项 ⇊，选中"移除材料"按钮 ⁄，单击"选项"按钮 选项，在【选项】对话框中勾选"☑添加锥度"复选框，锥度为5°，如图4-21所示。

（16）单击"确定"按钮 ✓，在零件表面创建一个八边形的孔特征，如图4-22所示。

（17）单击"拉伸"按钮 ，在操控板中单击"放置"按钮 放置，再在"草绘"滑板中单击"定义"按钮 定义…，选TOP基准面为草绘平面，RIGHT基准面为参考平面，方向向右，单击"草绘"按钮 草绘。

（18）单击"草绘视图"按钮 ，单击"圆心和点"按钮 ◉，绘制一个圆（φ8mm），如图4-23所示。

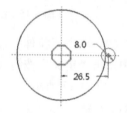

图4-21 【选项】对话框　　　图4-22 创建切除特征　　　图4-23 绘制截面

（19）单击"确定"按钮 ✓，在拉伸操控板中选取"拉伸为实体"按钮 ▢，深度类型选"通孔"选项 ⇊，选中"移除材料"按钮 ⁄，单击"选项"按钮 选项，在【选项】对话框中勾选"☑添加锥度"复选框，锥度为2°。

（20）单击"确定"按钮 ✓，在零件边沿创建一个切除特征，如图4-24所示。

（21）单击"倒圆角"按钮 ，在实体上创建倒圆角特征（R2mm），如图4-25所示。

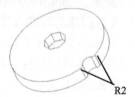

图4-24 创建切除特征　　　图4-25 创建倒圆特征R2

（22）按住键盘的 Ctrl 键，在模型树中选取"拉伸 2"和"倒圆角 1"，在下拉菜单中选"组 | 分组"命令。

（23）在模型树中选中刚才创建的组，单击"几何阵列"按钮，在操控板中选"轴"，选中大圆环的中心轴，再在操控板上输入数量为 8，角度为 45°，如图 4-26 所示。

（24）单击"确定"按钮，创建阵列特征，如图 4-27 所示。

图 4-26　阵列操控板　　　　　　　　图 4-27　创建阵列特征

（25）单击"倒圆角"按钮，在实体上创建倒圆角特征（R1mm），如图 4-28 所示。

（26）单击"抽壳"按钮，选取底面为可移除面，厚度为 1mm，如图 4-29 所示。

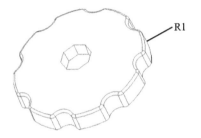

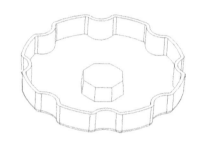

图 4-28　创建倒圆特征　　　　　　　图 4-29　创建抽壳特征

（27）单击"拉伸"按钮，在操控板中单击"放置"按钮，再在"草绘"滑板中单击"定义"按钮，选抽壳后八边形为草绘平面，RIGHT 基准面为参考平面，方向向右，单击"草绘"按钮。

（28）单击"草绘视图"按钮，绘制一个截面，如图 4-30 所示。

（29）单击"确定"按钮，在操控板中选取"拉伸为实体"按钮，深度类型选"盲孔"选项，深度为 8mm。

（30）单击"确定"按钮，创建一个拉伸特征，如图 4-31 所示。

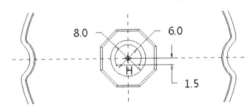

图 4-30　绘制截面　　　　　　　　　图 4-31　创建拉伸实体

（31）单击"保存"按钮，保存文件。

3. 平行混合特征（烟灰缸）

本节主要介绍用混合特征的创建方式，创建如图 4-32 所示的烟灰缸。

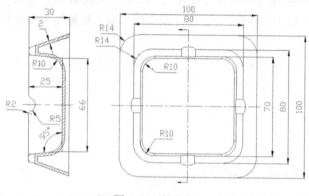

图 4-32 烟灰缸

（1）启动 Creo Parametric 4.0，在 Creo Parametric 4.0 的起始界面下单击"选择工作目录"按钮，选取 D：\Creo 4.0 Ptc\Work\为工作目录，所创建的模型图放在此目录下。

（32）单击"新建"按钮，在【新建】对话框中对"类型"选择"⊙ 零件"，对"子类型"选择"⊙ 实体"，"名称"为"yanhuigang"，取消"使用默认模板"复选框前面的"√"。

（2）单击"确定"按钮，选取"mmns_part_solid"（公制，单位为毫米·牛顿·秒）。

（3）单击"确定"，单击"形状 ▼"，在下拉菜单中选"混合"按钮，在操控板中单击"截面"按钮 截面，在滑板中选中"⊙ 草绘截面"，选"定义"按钮 定义…，选取 TOP 基准面为草绘平面，RIGHT 基准面为参考面，绘制一个截面矩形（100mm×100mm），如图 4-33 所示。

（4）单击"确定"按钮，在操控板中单击"截面"按钮 截面，在滑板中选中"⊙ 草绘截面"，"草绘平面位置定义方式"选"⊙ 偏移尺寸"，"偏移自"选"截面 1"，距离为 30mm，如图 4-34 所示。

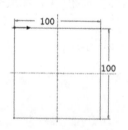

图 4-33 绘制第一个截面

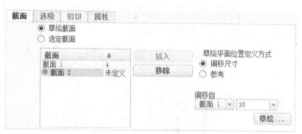

图 4-34 定义偏移距离

（5）单击"草绘"按钮 草绘…，绘制第二个截面（80mm×80mm），起始与箭头方向必须一致，如图 4-35 所示。

（6）单击"确定"按钮，单击"确定"按钮，创建混合特征，如图 4-36 所示。

(7) 单击"草绘"按钮，再单击"基准平面"按钮，选取 TOP 基准面为参考平面，平移距离为 5mm，创建内部基准面，选 RIGHT 基准面为参考面，绘制一个截面（66mm×66mm），如图 4-37 所示。

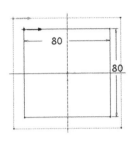
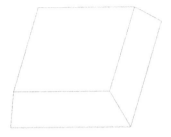
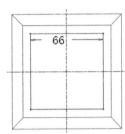

图 4-35　绘制第二个截面　　　图 4-36　创建混合特征　　　图 4-37　创建 66mm×66mm 截面

(8) 单击"草绘"按钮，选取零件上表面为草绘平面，选 RIGHT 基准面为参考面，绘制第二个截面（7mm×70mm），如图 4-38 所示。

(9) 单击"形状"，在下拉菜单中选"混合"按钮，在操控板中单击"截面"按钮 截面，在滑板中选中"⦿选定截面"，选取第一个截面，再选"插入"按钮 插入，再选第二个截面（起点与箭头方向必须一致），在操控板中选中"切除材料"按钮。

(10) 单击"确定"按钮，创建混合切除特征，如图 4-39 所示。

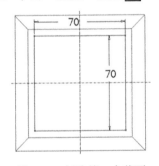
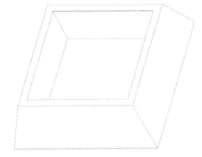

图 4-38　创建第二个截面　　　　　图 4-39　创建混合切除特征

提示：以上讲述了两种创建混合特征的方法，第一种混合特征的截面是内部截面，在工作区中不显示，有利于保持模型整洁，第二种混合特征的截面是外部截面，在工作区中显示，对于能熟练操作 Creo 的人员，建议使用内部截面的方式创建混合特征。

(31) 单击"拉伸"按钮，在操控板中单击"放置"按钮 放置，在"草绘"滑板中单击"定义"按钮 定义...，选取 FRONT 基准面为草绘平面，RIGHT 基准面为参考平面，方向向右，单击"草绘"按钮 草绘，进入草绘模式。

(32) 单击"圆心和点"按钮，绘制一个圆（ϕ10mm），如图 4-40 所示。

(33) 单击"确定"按钮，在操控板中选取"拉伸为实体"按钮，深度类型选"穿透"选项，选中"移除材料"按钮。

(34) 单击"确定"按钮，在实体上创建一个缺口，如图 4-41 所示。

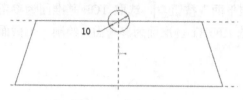
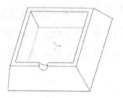

图 4-40 绘制截面圆　　　　　　　　图 4-41 创建缺口

（35）在模型树中选中"拉伸 1"，单击"阵列"按钮，在操控板中选"轴"，在横向菜单选中"模型"选项卡，单击"轴"按钮，按住键盘的 Ctrl 键，选 FRONT 与 RIGHT 基准面，单击"确定"按钮，再在横向菜单中选中"阵列"选项卡，在操控板上输入数量为 4，角度为 90°。

提示：上述方式所创建的轴为特征的内部轴，它处于隐藏状态，有利于保持桌面整洁。

（36）单击"确定"按钮，创建阵列特征，如图 4-42 所示。

（37）单击"倒圆角"按钮，在实体上创建倒圆角特征，如图 4-43 所示。

（38）单击"抽壳"按钮，选取底面为可移除面，厚度为 2mm，如图 4-44 所示。

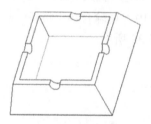

图 4-42 阵列特征　　　　图 4-43 创建倒圆特征　　　　图 4-44 创建抽壳特征

（39）单击"保存"按钮，保存文件。

4. 连杆

本节通过绘制拉杆的零件图，重点讲述了混合、拉伸、偏置、拔模、倒斜角、倒圆角等 Creo 4.0 建模的基本命令，产品图如图 4-45 所示。

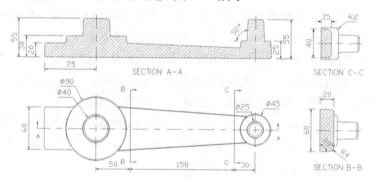

图 4-45 产品图

（1）启动 Creo Parametric 4.0，在 Creo Parametric 4.0 的起始界面下单击"选择工作目录"按钮，选取 D：\Creo 4.0 Ptc\Work\为工作目录，所创建的模型图放在此目录下。

（2）单击"新建"按钮，在【新建】对话框中"类型"选中"⊙□零件"，"子类型"为"⊙实体"，"名称"为"liangang"，取消"使用默认模板"复选框前面的"√"。

（3）单击"确定"按钮，选取"mmns_part_solid"（公制，单位为毫米·牛顿·秒）。

（4）在"模型"选项卡中选取"混合"按钮，在操控板中选"截面"按钮 截面 ，在滑板中选"⊙草绘截面"，再单击"定义"按钮 定义… 。

（5）选取 RIGHT 基准面为草绘平面，TOP 基准面为参考面，方向向上，绘制截面（一），如图 4-46 所示。

（6）单击"确定"按钮，在操控板中选取"截面"按钮 截面 ，在滑板中选"⊙草绘截面"，再单击"草绘"按钮 草绘… ，绘制截面（二），两个截面的箭头必须一致，如图 4-47 所示。

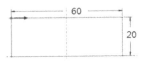

图 4-46 绘制截面（一）

图 4-47 绘制截面（二）

（7）单击"确定"按钮，在操控板中选"混合为曲面"按钮，与"截面（一）"的距离为150mm，如图 4-48 所示。

图 4-48 操控板

（8）在操控板中单击"确定"按钮，创建混合曲面特征，如图 4-49 所示。

（9）单击"拉伸"按钮，在操控板中选取"放置"按钮 放置 ，在滑板中单击"定义"按钮 定义… ，选取 TOP 基准面为草绘平面，RIGHT 基准面为参考面，方向向右，绘制截面（三），如图 4-50 所示。

图 4-49 混合特征

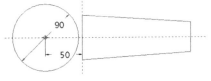

图 4-50 绘制截面（三）

（10）单击"确定"按钮，在操控板中选取"创建为实体"按钮，输入"拉伸高度"为 30mm，创建拉抻特征，如图 4-51 左端圆柱所示。

（11）采用相同的方法，创建右端圆柱（直径为 45mm，高度为 25mm，两圆柱的中心距为 230mm），如图 4-7 右端圆柱所示。

（12）先选取混合曲面右侧端面的一条边，然后按住键盘的 Shift 键，选取另外三边，最后在快捷菜单中单击"延伸"按钮，在操控板中输入延伸距离为 30mm，单击"确定"按钮，曲面右端延伸 30mm，如图 4-52 右端所示。

提示：如果不能对曲面进行延伸，那可能是在图 4-48 所示的操控板上没有选择"混合为曲面"按钮。

（13）采用相同的方法，曲面左端延伸 50mm，如图 4-52 左侧所示。

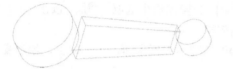
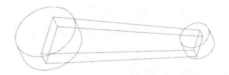

图 4-51 创建两个圆柱　　　　　　　　图 4-52 延伸曲面

（14）选取混合曲面，再在菜单栏中选中"实体化"按钮，所选中的曲面转化为实体。

提示：如果不能转化为实体，请仔细查看曲面的两头是否完全在两个圆柱内。

（15）单击"拉伸"按钮，在操控板中选取"放置"按钮，在滑板中单击"定义"按钮，选取 TOP 基准面为草绘平面，RIGHT 基准面为参考面，方向向右，绘制截面（四），如图 4-53 所示。

（16）单击"确定"按钮，在操控板中输入 20mm，创建拉伸体，如图 4-54 左端所示。

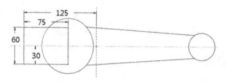
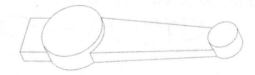

图 4-53 绘制截面（四）　　　　　　　图 4-54 创建拉伸体

（17）单击"拔模"按钮，在操控板中单击"参考"按钮。

（18）选取拔模曲面的方法：先选零件的一个侧面，再按住键盘 Ctrl 键，然后选中零件所有其他侧面。

（19）选取拔模枢轴的方法：选取零件的底面为拔模枢轴。

（20）在操控板中输入拔模角度为 2°，单击"确定"按钮，创建拔模特征。

（21）单击"拉伸"按钮，以左圆柱的上表面为草绘平面，在快捷栏中单击"同心圆"按钮，绘制一个圆（直径为 φ40mm），如图 4-55 所示。

（22）单击"确定"按钮，在操控板中单击"选项"按钮，在"选项"滑板中"侧 1"选"盲孔"选项，距离为 25mm，"侧 2"选"无"，勾选"添加锥度"复选框，角度为 2°，如图 4-56 所示。

（23）单击"确定"按钮，创建一个圆柱特征（φ40×25mm），如图 4-57 左侧所示，采用同样的方法，在右边的圆柱上创建一个圆柱（φ25×30mm），如图 4-57 右侧所示。

第 4 章　简单零件建模

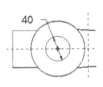

图 4-55　绘制同心圆

图 4-56　"选项"滑板

（24）单击"倒圆角"按钮，创建圆角特征，单击"边倒角"按钮，创建斜角特征，如图 4-58 所示。

图 4-57　创建两个圆柱

图 4-58　倒圆角与边倒角

（25）单击"保存"按钮，保存文件。

5．水杯

本节通过绘制一个水杯的零件图，重点讲述了混合、旋转、扫描等 Creo 4.0 建模的基本命令，产品图如图 4-59 所示。

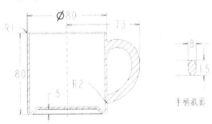

图 4-59　产品图

（1）启动 Creo Parametric 4.0，在 Creo Parametric 4.0 的起始界面下单击"选择工作目录"按钮，选取 D：\Creo 4.0 Ptc\Work\为工作目录，所创建的模型图放在此目录下。

（34）单击"新建"按钮，在【新建】对话框中"类型"选中"⊙□零件"，"子类型"为"⊙实体"，"名称"为"shuibei"，取消"使用默认模板"复选框前面的"√"。

（2）单击"确定"按钮，选取"mmns_part_solid"（公制，单位为毫米·牛顿·秒）。

（3）选取"旋转"按钮，在操控板中选取"放置"按钮，再单击"定义"按钮，选取 FRONT 基准面为草绘平面，RIGHT 基准面为参考面，方向向右，绘制一个矩形和竖直的基准中心线，如图 4-60 所示。

（4）单击"确定"按钮，在操控板中输入旋转角度 360°，创建旋转实体。

（5）单击 形状▼，选"混合"按钮，在操控板中单击"截面"按钮 截面，在滑板中选取"⊙草绘截面",选"定义"按钮 定义… ,选取实体下底面为草绘平面,RIGHT基准面为参考面。

(6) 在快捷菜单中单击"同心圆"按钮◎,绘制一个φ70mm的同心圆,如图4-61所示。

(7) 单击"确定"按钮✓,在操控板中单击"截面"按钮 截面 ,在滑板中选中"⊙草绘截面","草绘平面位置定义方式"选"⊙偏移尺寸","偏移自"选"截面1",距离为-5mm。

(8) 单击"草绘"按钮 草绘… ,绘制一个φ60mm的同心圆,如图4-62所示。

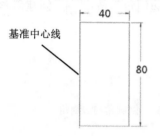

图4-60　绘制截面与中心线　　图4-61　绘制同心圆（一）　　图4-62　绘制同心圆（二）

(9) 单击"确定"按钮✓,在操控板中按下"切除材料"按钮,创建切除特征,如图4-63所示。

提示：如果没有创建切除材料特征,可能是没有将距离设为-5mm。

(10) 单击"抽壳"按钮,选取上表面为可移除面,厚度为2mm,创建抽壳特征。

(11) 单击"草绘"按钮,选取FRONT为草绘平面,RIGHT为参考面,方向向右,单击"草绘"按钮 草绘 ,进入草绘模式。

(12) 在快捷菜单中单击"样条"按钮,在工作区中选取5个点,5个点的坐标分别（40,10）、（60,20）、（73,45）、（68,65）、（40,70）,如图4-64所示。

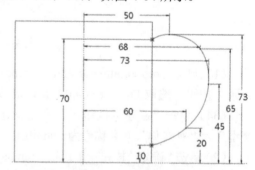

图4-63　混合切除特征　　　　　图4-64　绘制制样条曲面

(13) 单击"扫描"按钮,选取刚才创建的曲线为轨迹线,单击箭头,箭头切换到上方,如图4-65所示。

(14) 在"扫描"操控板中单击"编辑或创建截面"按钮,绘制一个椭圆,如图4-66所示。

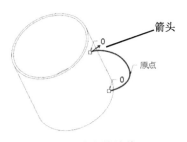
图 4-65 选取轨迹线

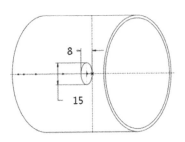
图 4-66 绘制椭圆截面

（15）单击"确定"按钮 ✓，创建手柄扫描特征。此时，手柄与杯身分开，如图 4-67 所示。

（16）在模型树中选中 扫描1，在弹出的快捷栏中单击"编辑定义"按钮，在"扫描"操控板中选取 选项 ，在"选项"滑板中勾选 "✓合并端" 复选框。

（17）单击"确定"按钮 ✓，重新生成的手柄两端与杯身合并在一起，如图 4-68 所示。

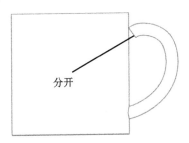
图 4-67 创建手柄特征（分开）

图 4-68 手柄与柄身合并在一起

（18）单击"倒圆角"按钮，按住 Ctrl 键，选取杯口的两条边线，在"倒圆角"操控板中单击 集 ，在"集"滑板中单击"完全倒圆角"按钮 完全倒圆角 。

（19）单击"确定"按钮 ✓，在杯口创建完全倒圆角特征，如图 4-69 所示。

（20）在手柄与杯身的相交处创建圆角特征，圆角大小为 R1mm，如图 4-69 所示。

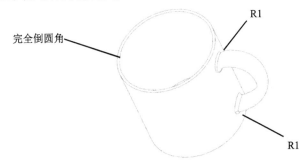
图 4-69 创建圆角特征

（40）单击"保存"按钮，保存文件。

第 5 章 编辑特征

编辑特征是指运用创建组、镜像、移动、阵列、缩放等命令对现有特征进行操作，而形成新的特征。

1. 创建组

（1）打开第 1 章的 dianban.prt 零件。

（2）先按住键盘的 Ctrl 键，再在模型树上选取"拉伸 1"、"倒圆角 1"和"孔 1",, 在快捷菜单中选"分组 | 组"命令, 如图 5-1 所示, 或者工作区上方选取 操作▼, 再选"分组"命令。

（3）系统自动将所选中的特征创建成一个组，如图 5-2 所示。

图 5-1　选取特征　　　　　　　　　　图 5-2　创建组

2. 镜像

（1）先在模型树上选取 组LOCAL_GROUP，再在编辑工具栏上选取"镜像"按钮，然后选取 RIGHT 基准面为镜像平面。

（2）单击"镜像"操控板的"确定"按钮 ✓，镜后的实体图 5-3 所示。

提示：如果孔特征的定位手柄是定位在实体的边上，那么在这里就不能镜像孔特征。

3. 复制（一）：粘贴

（1）在模型树中展开 组LOCAL_GROUP，选取 孔 1，在横向菜单选择"模型"选项卡，再在"操作"区域中选"复制"命令按钮，接着选"粘贴 | 选择性粘贴"命令按钮，在【选择性粘贴】对话框中单击"确定"按钮。

（2）在"复制\粘贴"操控板上单击"放置"，在零件图上重新零件的上表面为放置平面。

(3)修改零件的定位尺寸,孔中心与FRONT的距离为90mm,与RIGHT的距离为85mm,孔的直径为φ12mm,如图5-4所示。

图5-3 镜像特征

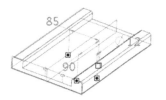

图5-4 复制特征

(4)单击"确定"按钮☑,生成一个新的孔特征。

(5)采用相同的方法,在零件的侧面复制一个孔(自己定义定位尺寸),如图5-5所示。

4. 复制(二):镜像

(1)在零件图上选取左下角的小孔,单击鼠标右键,在编辑工具栏上选取"镜像"按钮,然后选取FRONT基准面为镜像平面。

(2)单击"镜像"操控板的"确定"按钮☑,镜后的实体如图5-6所示。

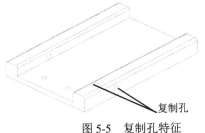

图5-5 复制孔特征

图5-6 镜像孔特征

5. 复制(三):平移

(1)在零件图上选取左下角的小孔,在快捷菜单中选"复制"命令按钮,再选"选择性粘贴"按钮,在【选项性粘贴】对话框中勾选"☑对副本应用移动/旋转变换"复选框,如图5-7所示。

(2)单击"确定"按钮 确定(O),选取FRONT基准面,再在操控板上选"变换",在滑板中"设置"选"移动","距离"为200mm,如图5-8所示。

图5-7 【选项性粘贴】对话框

图5-8 设置为"移动",距离为200mm

（3）单击"确定"按钮☑，平移复制所选中的小孔，如图 5-9 所示。

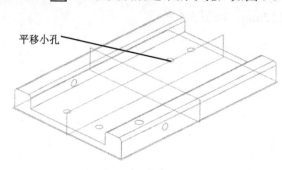

图 5-9　平移小孔

6．复制（四）：旋转

（1）先创建旋转轴：在横向菜单栏中选"模型"菜单，再在"基准特征"工具栏中单击"基准轴"按钮，按住键盘的 Ctrl 键后，再选取 FRONT 和 RIGHT，单击【基准轴】对话框的"确定"按钮 确定 ，即可创建基准轴，如图 5-10 所示。

（2）在零件图上选取图 5-9 平移的小孔，在快捷菜单中选"复制"命令按钮，再选"选择性粘贴"按钮，在【选项性粘贴】对话框中勾选"☑对副本应用移动/旋转变换"，如图 5-7 所示。

（3）单击"确定"按钮 确定(O) ，选取图 5-10 所创建的基准轴，再在操控板上选"变换"，在滑板中"设置"选"旋转"，"角度"为 50°，如图 5-11 所示。

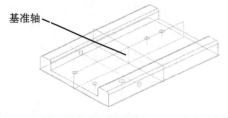

图 5-10　创建基准轴

图 5-11　设置为"旋转"，角度为 50°

（4）单击"确定"按钮☑，旋转复制所选中的小孔，如图 5-12 所示。

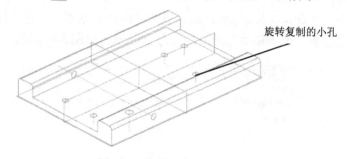

图 5-12　旋转小孔

7. 缩放：将模型整体放大或缩小

（1）在横向菜单中选"分析｜测量｜直径"命令，选择小孔，测量直径为φ10mm。
（2）在工作区的右上角单击"搜索"命令 ，输入"缩放模型"，如图5-13所示。

图5-13　输入"缩放模型"

（3）在"消息输入窗口"中输入缩放比例因子：2，如图5-14所示。

图5-14　输入比例因子：2

（4）单击"确定"按钮，再单击"是"，即可对整个零件全部放大2倍。
（5）在横向菜单中选"分析｜测量｜直径"命令，选择小孔，测量直径为φ20mm。

8. 尺寸阵列：以标注尺寸为基准进行阵列

为方便讲解，请读者自行建立一个薄板，尺寸为300mm×200mm×10mm，并在薄板上建立一个孔特征，孔特征的尺寸如图5-15所示。

（1）在绘图区中或模型树中选取孔特征，再在编辑特征工具栏选取"阵列"按钮。
（2）在"阵列"操控板中"阵列类型"选"尺寸"，再选取 尺寸 按钮，然后在"方向1"对话框中单击"选项"，先在绘图区中单击尺寸115mm，再在对话框中输入尺寸增量-35mm，再在"方向2"对话框中单击 单击此处添加项 ，在绘图区中单击尺寸70mm，再在对话框中输入尺寸增量-36mm，如图5-16所示。

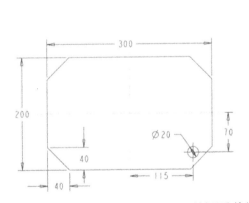

图5-15　创建300mm×200mm×10mm平板及孔特征

图5-16　尺寸阵列对话框

（3）在"阵列"操控板中输入"方向1"阵列数为7，"方向2"阵列数为5，如图5-17所示。

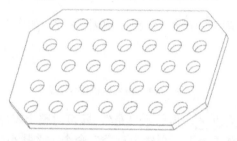

图 5-17　定义阵列特征的数量

（4）单击"阵列"操控板 ✓，生成一个尺寸阵列，如图 5-18 所示。

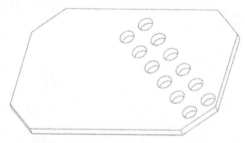

图 5-18　尺寸阵列

9. 方向阵列：以平面的法向为基准进行阵列

（1）在模型树上选中刚才的阵列，单击鼠标右键，选择"删除阵列"命令。
（2）在绘图区中或模型树中选取孔特征，再在编辑特征工具栏选取"阵列"按钮。
（3）在"阵列"操控板左端的选项中选取"方向"选项，选取第一个斜角平面为第一阵列方向，数量为6，尺寸增量为-35mm，单击"第二方向参照"，并选取第二个斜角平面第二阵列方向，数量为2，尺寸增量为-30mm，如图 5-19 所示。

图 5-19　"方向阵列"对话框

（4）单击"阵列"操控板 ✓，生成方向阵列，如图 5-20 所示。

图 5-20　方向阵列

10. 旋转阵列：以旋转轴为基准进行阵列

（1）在模型树上选中刚才的阵列，单击鼠标右键，选择"删除阵列"命令。
（2）在模型树中选中"拉伸 1"，单击鼠标右键，在下拉菜单中选，将尺寸改为300mm×300mm×10mm。

（3）在绘图区中或模型树中选取孔特征，再在编辑特征工具栏选取"阵列"按钮。

（4）在"阵列"操控板左端的选项中选取"轴"选项，选取坐标系的 Y 轴，数量为8，角度为45°，第二阵列方向为5，方向为-30mm，如图5-21所示。

图 5-21 "旋转阵列"对话框

（5）单击"阵列"操控板的"确定"按钮，生成方向阵列，如图5-22所示。

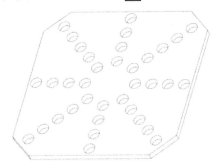

图 5-22 旋转阵列

11. 填充阵列

（1）在模型树上选中刚才的阵列，单击鼠标右键，选择"删除阵列"命令。

（2）在绘图区中或模型树中选取孔特征，再在编辑特征工具栏选取"阵列"按钮。

（3）在"阵列"操控板左端的选项中选取"填充"选项，再单击"参考"，在弹出的"草绘"滑板上选取"定义"，系统弹出【草绘】对话框。

（4）单击【草绘】对话框中"使用先前的"按钮，进入草绘模式，任意绘制一个封闭的区域，如图5-23所示。

（5）设定阵列特征之间的距离为30mm，单击"确定"按钮，创建一个填充阵列，如图5-24所示。

图 5-23 绘制任意封闭曲线

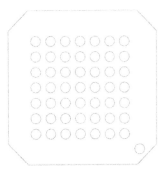

图 5-24 填充阵列

12. 曲线阵列

（1）在模型树上选中刚才的阵列，单击鼠标右键，选"删除阵列"命令。

（2）在绘图区中或模型树中选取孔特征，再在编辑特征工具栏选取"阵列"按钮 。

（3）在"阵列"操控板左端的选项中选取"曲线"选项，再单击"参考"，在弹出的"草绘"滑板上选取"定义"，系统弹出【草绘】对话框。

（4）单击【草绘】对话框中"使用先前的"按钮，进入草绘模式，以初始特征为起点，任意绘制一个曲线，如图 5-25 所示。

（5）设定阵列特征之间的距离为 30mm，单击"确定"按钮 ，创建一个曲线阵列，如图 5-26 所示。

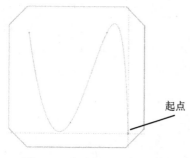
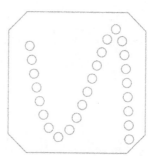

图 5-25　任意绘制一条曲线　　　　图 5-26　曲线阵列

13. 参照阵列：是指在原阵列特征上增加特征

（1）在图 5-26 所创建阵列的原始特征上创建一个倒圆角特征（R3mm），如图 5-27 所示。

（2）先选取该倒圆角特征，再选取"阵列"按钮 。

（3）单击"阵列"操控板的"确定"按钮 ，所有的阵列特征都增加圆角，如图 5-28 所示。

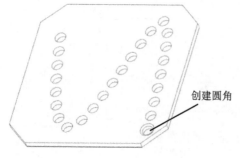

图 5-27　原始特征上创建圆角　　　　图 5-28　阵列特征上增加倒圆角

第6章 曲面特征

1. 混合曲面

（1）启动 Creo 4.0，单击"新建"按钮，文件名为 hunhequmian.prt。

（2）在横向菜单中单击"模型"，再单击"形状" 形状▼选项，然后选"混合"命令。

（3）在"混合"操控板中选"截面"，再选"◉草绘截面"，最后选"定义"按钮 定义...。

（4）选取 TOP 为绘图平面，RIGHT 为参考平面，方向向右，单击"草绘"按钮 草绘 。

（5）单击"圆心和点"按钮，绘制直径为φ50mm 的圆周，再单击"中心线"按钮，绘制 2 条中心线，如图 6-1 所示。

（6）单击"分割"按钮，将圆弧打断成 4 断（在中心线与圆弧的交点处打断）。

（7）先用左键选中 A 点，再长按鼠标右键，在下拉菜单中选"起点"，该端点出现一个箭头，如图 6-1 所示。

（8）单击"确定"按钮，在"混合"操控板中选"截面"，再选"◉草绘截面"，选"◉偏移尺寸"，"偏移自"选"截面（一）"，距离为 80mm，再单击"草绘"按钮 草绘... 。

（9）绘制两条 R100 的圆弧和两条 R20 的圆弧，并将起点箭头设在 B 处，如图 6-2 所示。

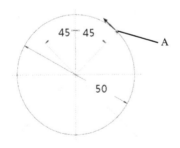

图 6-1　绘制截面（一）

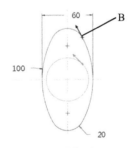

图 6-2　绘制截面（二）

（10）单击"确定"按钮，在"混合"操控板中选"截面"，选"◉草绘截面"，选"插入"按钮 插入 ，选"◉偏移尺寸"，"偏移自"选"截面（二）"，距离为 80mm，然后单击"草绘"按钮 草绘... 。

（11）绘制一个矩形（尺寸为 80mm×80mm），如图 6-3 所示，单击"确定"按钮。

（12）在"混合"操控板中选中"混合为曲面"按钮，生成混合曲面，如图 6-4 所示。

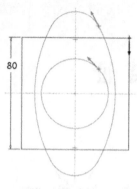
图 6-3 绘制截面（三）

图 6-4 创建混合曲面

2. 可变截面扫描曲面

（1）启动 Creo 4.0，单击"新建"按钮，文件名为 Var_sept.prt。

（2）在工作区上方单击"扫描"按钮，系统弹出"扫描"操控板。

（3）在"扫描"操控板的右端（或工作区的右上角）单击"草绘"按钮。

（4）选取 TOP 为绘图面，RIGHT 为向右参考面，单击"草绘"按钮 草绘 ，进入草绘模式，任意绘制两条曲线（可以是直线、圆弧或 Spline 曲线），如图 6-5 所示。

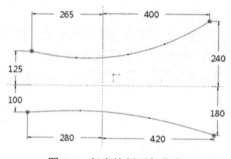
图 6-5 任意绘制两条曲线

（5）单击"确定"按钮，在"扫描"操控板的右端（或工作区的右上角）单击"草绘"按钮，选取 FRONT 为草绘基准面，RIGHT 为向右参考面。单击"草绘"对话框"草绘"，系统进入草绘模式。

（6）绘制任意两条曲线，如图 6-6 所示。

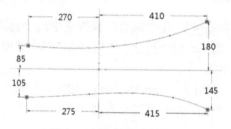
图 6-6 任意绘制两条曲线

（7）单击"确定"按钮☑，单击操控板上的▶（退出暂停模式，继续使用此工具），系统默认其中一条曲线为扫描轨迹线。按住 Ctrl 键，选取另外三条曲线。

（8）单击操控板上的"编辑截面"按钮☑，进入草绘模式。

提示：系统会产生一个草绘平面，该草绘平面与默认的扫描轨迹线垂直，且所有轨迹线都有交点。

（9）单击"样条曲线"按钮〜，经过草绘平面与轨迹线的 4 个交点绘制一条曲线，如图 6-7 所示。

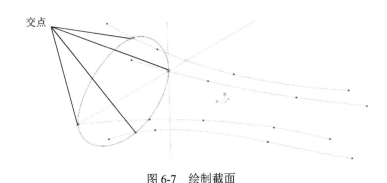

图 6-7　绘制截面

（1）单击"确定"按钮☑，再在"扫描"操控板中单击"扫描为曲面"按钮▢。

（2）单击"确定"按钮☑，创建扫描曲面，如图 6-8（a）所示。

（3）若把图 6-7 中绘制的截面改为矩形，则创建的图形为图 6-8（b）所示。

（a）　　　　　　　　　　　　　　（b）

图 6-8　可变剖面扫描曲面

3. 边界混合曲面

（1）启动 Creo 4.0，单击"新建"按钮▢，文件名为 bianjianhunhe.prt。

（2）在工作区上方单击"草绘"按钮〜，再单击"基准平面"按钮▢，选中 FRONT 基准平面，输入偏移值为 80mm，单击"确定"按钮☑（这里创建的基准平面是内部基准平面，在桌面上不显示出来,有利于保持桌面整洁），选 RIGHT 基准平面为参考平面，方向向右，单击"草绘"按钮 草绘 ，绘制截面（一）（截面可以是直线、圆弧或 Spline 曲线，这里绘制的截面是 Spline 曲线），如图 6-9 所示。

（3）在工作区上方单击"草绘"按钮〜，选中 FRONT 基准平面，选 RIGHT 基准平面为参考平面，方向向右，单击"草绘"按钮 草绘 ，绘制截面（二），如图 6-10 所示。

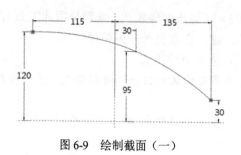

图 6-9　绘制截面（一）　　　　　图 6-10　绘制截面（二）

（4）在工作区上方单击"草绘"按钮，再单击"基准平面"按钮，选中 FRONT 基准平面，输入偏移值为-80mm，单击"确定"按钮，选 RIGHT 基准平面为参考平面，方向向右，单击"草绘"按钮 草绘 ，绘制截面（三），如图6-11所示。

（5）单击"标准方向"按钮，在工作区上方单击"基准" 基准▼ 按钮，在下拉菜单中选"曲线"，再选"通过点的曲线"，依次选取三条曲线的端点，绘制两段曲线，如图6-12所示。

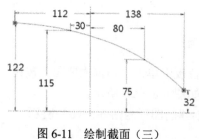

图 6-11　绘制截面（三）　　　　　图 6-12　创建两条曲线

（6）在工作区上方选取"边界混合"按钮，弹出"边界混合"操控板，如图6-13所示。

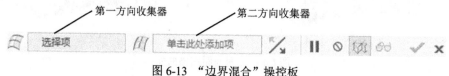

图 6-13　"边界混合"操控板

（7）先选中"第一方向收集器"的 选择项 ，长按 Ctrl 键，按顺序选取三条曲线，再选中"第二方向收集器" 单击此处添加项 ，长按 Ctrl 键，按顺序选取另外二条曲线。

（8）单击操控板上的 或鼠标中键，即创建一个边界混合曲面，如图6-14所示。

4．扫描曲面（一）

（1）单击"扫描"按钮，在"扫描"操控板中单击"参考" 参考 ，再单击"细节"。

（2）按住 Ctrl 键，依次选取边界混合曲面的 4 条边，出现一个箭头，如图6-15所示。

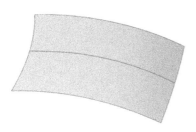
图 6-14 创建边界混合曲面

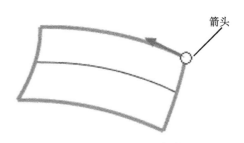
图 6-15 选取 4 条边

（3）在"扫描"操控板中单击"编辑截面"按钮，绘制一条斜线，如图 6-16 所示。

（4）单击"确定"按钮，创建扫描曲面，如图 6-17 所示。

图 6-16 绘制截面

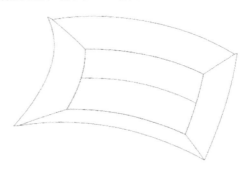
图 6-17 创建扫描曲面

5．扫描曲面（二）

（1）在工作区上方单击"扫描"按钮，单击"草绘"按钮，选取 TOP 为绘图面，RIGHT 为参考面，单击"草绘"按钮 草绘 ，绘制一条轨迹线（100mm×50mm 的矩形），如图 6-18 所示。

（2）在"扫描"操控板中单击右三角形按钮，然后单击"编辑截面"按钮。

（3）绘制一条斜线，如图 6-19 所示。

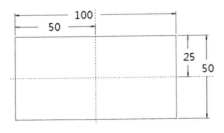
图 6-18 绘制轨迹线

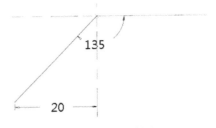
图 6-19 绘制斜线

（4）单击"确定"按钮，再在"扫描"操控板中单击"扫描为曲面"按钮。

（5）单击"确定"按钮，创建扫描曲面，如图 6-20 所示。

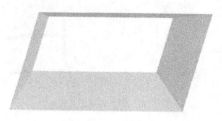

图 6-20　扫描曲面

6. 拉伸曲面

（1）启动 Creo 4.0，单击"新建"按钮，文件名为 qumian1.prt。

（2）单击"拉伸"按钮，再单击"基准平面"按钮，选中 RIGHT 基准平面，输入偏移值为 50mm，单击"确定"按钮，选 TOP 基准平面为参考平面，方向向上，单击"草绘"按钮，进入草绘模式。

（3）单击"选项板"按钮，在【草绘器选项板】对话框中将正六边形的图标拖入工作区中，并将正六边形的中心点与原点对齐，尺寸如图 6-21 所示，单击"确定"按钮。

（4）在"拉伸"操控板中选"曲面"按钮，拉伸长度为 30mm，结果如图 6-22 所示。

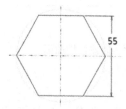

图 6-21　绘制截面（一）

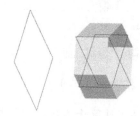

图 6-22　拉伸曲面

7. 旋转曲面

（1）在工作区上方单击"旋转"按钮，在"旋转"操控板上选取"放置"选项，再选"定义"按钮，选 FRONT 为草绘平面，RIGHT 为参考平面，方向向右。

（2）单击"草绘"按钮，绘制一条水平线和水平中心线，如图 6-23 所示。

（3）单击"确定"按钮，绘制一个旋转曲面，如图 6-24 所示。

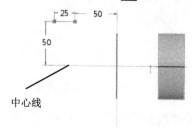

图 6-23　绘制一条水平线与水平中心线

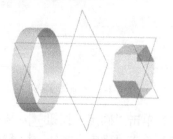

图 6-24　旋转曲面

8. 填充曲面

(1) 在工作区上方单击"填充"按钮▢，再单击"基准平面"按钮▱，选取六边形曲面右端的边线，创建一个基准平面，如图 6-25 所示。

(2) 单击"草绘"按钮～，再单击"投影"按钮▢，按住 Ctrl 键选取六边形曲面右端的边线，单击"确定"按钮✓，创建填充曲面，如图 6-26 右端所示。

(3) 采用相同的方法，在圆柱曲面的左端创建填充曲面，如图 6-26 左端所示。

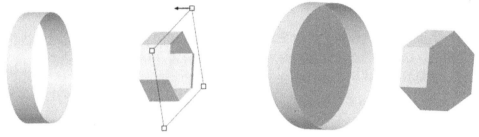

图 6-25 创建基准平面　　　　　　　　图 6-26 填充曲面

9. 混合曲面

(1) 在工作区上方选取"边界混合"按钮，再单击操控板上的"曲线" 曲线 ，弹出"第一方向"与"第二方向"的选取滑板，如图 6-27 所示。

图 6-27 "第一方向"与"第二方向"的选取滑板

(2) 选中"第一方向"收集器的"细节"按钮 细节... ，按住 Ctrl 键，选取圆柱面的边线，如图 6-28 所示。

(3) 单击【链】对话框的"添加"按钮 添加(A) ，按住 Ctrl 键，选取六边形曲面的边线，如图 6-29 所示。

 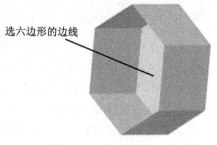

图 6-28 选取圆柱面边线　　　　　　　图 6-29 选取六边线

（4）单击"确定"按钮 ✓，创建边界混合曲面，如图 6-30 所示。此时的边界混合曲面是歪的，这是因为圆柱面边线的端点与六边线的端点没有对正所导致的。

（5）在模型树上将 →在此插入 拖到 边界混合1 的前面，如图 6-31 所示。

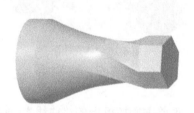 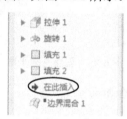

图 6-30 边界混合曲面　　　　　　　　图 6-31 隐藏"边界混合 1"

（6）单击"基准点"按钮，选取圆柱上方的边线，如图 6-29 所示。
（7）在【基准点】对话框中"偏移"选"比率"，值为 0.333（1/3），如图 6-32 所示。
（8）单击"确定"按钮 确定 或单击鼠标中键，即生成一个基准点，如图 6-33 所示。
（9）采用相同的方法，创建另外一个基准点，比率为 0.6667（2/3）。
（10）采有相同的方法，在圆柱面下方的边线也创建两个基准点，如图 6-33 所示。

 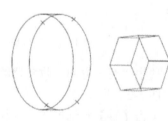

图 6-32 "偏移"选"比率"，值为 0.3333　　　图 6-33 创建 4 个基准点

注意：这里只需要创建 4 个基准点，再加上圆柱面边线的 2 个端点，共有 6 个点。

（11）在模型树上将 ➡ 在此插入 拖到 边界混合 1 的后面。

（12）在模型树中选 边界混合 1，单击鼠标右键，选"编辑定义"按钮，在操控板上单击"控制点"选项 控制点 ，在【控制点】对话框中单击"链 1"所对应的"未定义"，如图 6-34 所示。

图 6-34 【控制点】对话框

（13）先选取加粗显示线上的控制点，再选取另一边线上对应的控制点，如图 6-35 所示。

（14）按照上述方法，将两个边线的其他控制点一一对应后，边界曲面如图 6-36 所示。

注意：如果读者所创建的曲面还是没有对正，这是因为读者在前面创建旋转曲面时是以 TOP 为草绘平面，应将所创建点的比率改为 0.167（1/6）与 0.833（5/6），重新对齐对应点后即可。

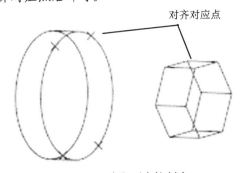

图 6-35 选取两个控制点

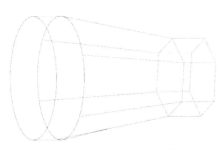

图 6-36 控制点一一对应

（15）在模型树上选取边界混合曲面，单击鼠标右键，选取"编辑定义"命令。

（16）在操控板上单击"约束"，在"约束控制"对话框上选"相切"，如图 6-37 所示。

图 6-37 选"相切"

（17）单击"确定"按钮✓，边界混合曲面与头尾的曲面相切，如图 6-38 所示。

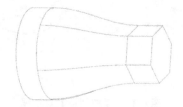

图 6-38 边界混合曲面与头尾的曲面相切

10. 曲面合并

（1）按住 Ctrl 键，在模型树上选取"拉伸 1"、"旋转 1"和"边界 1"。
（2）单击"合并"按钮，即可将三个曲面合并。
（3）按住 Ctrl 键，在模型树上选取"合并 1"、"填充 1"和"填充 2"。
（4）单击"合并"按钮，即可将所有曲面合并。

11. 曲面实体化特征

（1）在工作区中选中曲面，再选取"实体化"按钮。
（2）单击"确定"按钮✓，曲面转化为实体。

12. 曲面移除

（1）启动 Creo 4.0，单击"新建"按钮，文件名为 qumian2.prt。
（2）单击"拉伸"按钮，以 TOP 为草绘平面，创建一个实体，尺寸为 100mm×100mm×50mm。
（3）单击"拉伸"按钮，以 FRONT 为草绘平面，RIGHT 为参考面，方向向右，单击"样条曲线"按钮，绘制一个截面，尺寸如图 6-39 所示。
（4）单击"确定"按钮✓，在"拉伸"操控板中选取"拉伸为曲面"按钮，拉伸方式选"对称"，距离为 120mm。
（5）单击"确定"按钮✓，创建一个拉伸曲面，如图 6-40 所示。

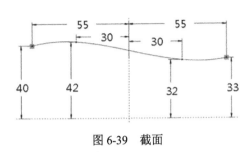

图 6-39 截面　　　　　　　　图 6-40 创建拉伸曲面

（6）单击创建的曲面，在工作区中的"编辑"区域选取"实体化"按钮，在操控板上选取"切除材料"按钮和"反向"按钮，使工作区的箭头朝上。

（7）单击"确定"按钮，实体被剪掉上半部分，如图 6-41 所示。

（8）单击"倒圆角"命令，创建倒圆角特征（R10mm），如图 6-42 所示。

图 6-41 曲面移除　　　　　　图 6-42 创建圆角特征

13. 曲面偏移（一）：将实体整体放大或缩小

（1）按住 Ctrl 键不放，选取实体的表面，选取后的曲面着色显示，如图 6-43 所示。

（2）在菜单栏上选取"偏移"按钮，在"偏移"操控板的"偏移类型"有 4 个选项，选取"展开特征"按钮，偏移距离为 5mm，如图 78 所示。

图 6-43 选取实体表面　　　　图 6-44 "偏移"操控板

（3）单击"确定"按钮，所选中的曲面放大 5mm。

14. 曲面偏移（二）：偏移一个区域的实体且具有拔模特征

（1）长按 Ctrl 键，选取实体表面，选取后的曲面着色显示，如图 6-45 所示。

（2）在菜单栏上选取"偏移"按钮，在"偏移"操控板的"偏移类型"有 4 个选项，选取"具有拔模特征"选项。

(3) 在"偏移"操控板上选取"参考" 参考 ，再选取"定义" 定义... ，选取 TOP 为草绘平面，RIGHT 为参考面，方向向右，绘制一个封闭的区域，如图 6-46 所示。

图 6-45　选取实体表面

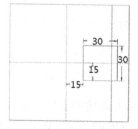

图 6-46　绘制封闭的区域

(4) 在"偏移"操控板中"偏移距离"为 2mm，"角度"为 3°，如图 6-47 所示。

图 6-47　"偏移"操控板

(5) 单击"确定"按钮，创建偏移特征，如图 6-48 所示。

15. 曲面偏移（三）

(1) 选取实体左侧的侧面，在菜单栏上选取"偏移"按钮，在"偏移"操控板的"偏移类型"有 4 个选项，选取"标准偏移"选项，输入偏移距离为 8mm。

(2) 单击"确定"按钮，创建偏移曲面，如图 6-49 所示。

图 6-48　具有拔模的偏移　　　　图 6-49　创建偏移曲面

16. 替换曲面：用一个曲面替换实体上的一个曲面

(1) 选取实体左侧的侧面，在菜单栏上选取"偏移"按钮，在"偏移"操控板的"偏移类型"有 4 个选项，选取"替换移"选项，。

(2) 选取刚才创建的曲面，单击"确定"按钮，创建替换曲面特征，如图 6-50 所示。

17. 复制曲面

(1) 选取实体的上表面，如图 6-51 所示。

第6章 曲面特征

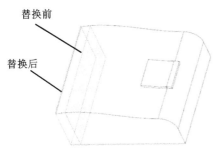

图 6-50　替换曲面特征　　　　图 6-51　选实体右侧曲面

（2）在工作区上方选"复制"命令，再选"粘贴"命令，即可创建复制曲面。

18．相同延伸曲面

（1）选取曲面右边缺口上部分的边线，在菜单栏上选取"延伸"按钮，在"延伸曲面"操控板中选取"沿原始曲面延伸曲面"按钮，"距离"为30mm，如图6-52所示。

图 6-52　"延伸曲面"操控板

（2）在"延伸"操控板上选"选项"，在滑板上的"方法"选"相同"，如图 6-53 所示。

（3）单击"确定"按钮，创建延伸曲面，如图 6-54 所示，所创建的曲面与原曲面相同。

 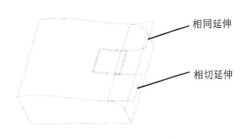

图 6-53　"方法"选"相同"　　　　图 6-54　创建延伸曲面

19．相切延伸曲面

（1）选取曲面右边缺口下部分的边线，在菜单栏上选取"延伸"按钮，在"延伸曲面"操控板中选取"沿原始曲面延伸曲面"按钮，"距离"为30mm，如图6-52所示。

（2）在"延伸"操控板上选"选项"，在滑板上的"方法"选"相切"。

（3）单击"确定"按钮，创建延伸曲面，如图 6-55 所示，所创建的曲面与原曲面相切。

（4）从图 6-54 可看出，用"相切"与"相同"方法的延伸曲面，所得到的曲面不相同。

20. 不等距延伸曲面

（1）选取曲面左边的边线，在菜单栏上选取"延伸"按钮，在"延伸曲面"操控板中选取"沿原始曲面延伸曲面"按钮，"距离"为30mm。

（2）单击"延伸"操控板上的"测量"，在"测量"滑板的空白位置单击鼠标右键，系统弹出"添加"选项，单击"添加"，在"测量"对话框上自动增加一个控制点。

（3）按照上述方法再增加一个控制点。

（4）在"测量"对话框上修改第1点的延伸距离为10mm，第2点的延伸距离为30mm，位置为0.5，第3点的距离为20mm，位置为0.75，如图 6-55 所示。

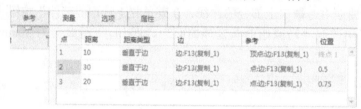

图 6-55 "测量"对话框

（5）单击"Enter"键或单击鼠标中键或单击"确定"按钮，生成不等距延伸曲面，如图 6-56 所示。

21. 曲面延伸到平面

（1）选取曲面左侧的边线，在菜单栏上选取"延伸"按钮，在"延伸曲面"操控板中选取"将曲面延伸到参照平面"按钮。

（2）选取 TOP 平面，此时屏幕上生成一个临时延伸曲面，垂直于 TOP 平面。

（3）单击"延伸"操控板上的"参考"选项，在"参考"对话框上选取"细节"选项。

（4）按住 Ctrl 键，再选取曲面的其他边，所选的曲面边延伸到 TOP 平面，并垂直于 TOP 平面，如图 6-57 所示。

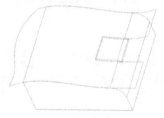

图 6-56 不等距的延伸曲面

图 6-57 曲面延伸到平面

22. 投影曲线

（1）启动 Creo 4.0，单击"新建"按钮，文件名为 qumian3.prt。

（2）单击"拉伸"按钮，以 FRONT 为草绘平面，RIGHT 为参考面，方向向右，单击"样条曲线"按钮，绘制一个截面，尺寸如图 6-58 所示。

（3）单击"确定"按钮，在"拉伸"操控板中选取"拉伸为曲面"按钮，拉伸方式选"对称"，距离为 120mm。

（4）单击"确定"按钮，创建一个拉伸曲面，如图 6-59 所示。

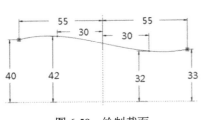

图 6-58 绘制截面

图 6-59 拉伸曲面

（5）单击"草绘"按钮，以 TOP 为草绘平面，绘制一个截面，如图 6-60 所示。

（6）单击"投影"按钮，在"投影"操控板中选"参考"选项，选取草绘曲线为投影曲线，选拉伸曲面为投影曲面，选 TOP 平面为投影方向。

（7）单击"确定"按钮，创建投影曲线，如图 6-61 所示。

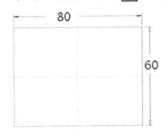

图 6-60 绘制截面

图 6-61 投影曲线

23. 沿曲线修剪曲面

（1）选取要修剪的曲面，单击"修剪"按扭，选取曲面上的曲线，生成一个暂时修剪曲面及一个箭头，箭头表示曲面保留的方向（单击箭头可以改变箭头方向）。

（2）单击"Enter"键或鼠标中键或操控板上的，曲面按曲线修剪，如图 6-62 所示。

24. 沿相交曲面修剪

（1）在模型树中删除 修剪 1 和 投影 1，并按图 6-60 所示的截面创建拉伸曲面，拉伸高度为 75mm，如图 6-63 所示。

图 6-62　修剪曲面　　　　　　　　图 6-63　绘制两个相交曲面

（2）选取第一组曲面，单击"修剪工具" 按扭，选取另外一组曲面。

（3）单击 Enter 键或鼠标中键或操控板上的"确定"按钮 ，生成一个修剪曲面，如图 6-64 所示。

（4）采用相同的方法，修剪另一组曲面，如图 6-65 所示。

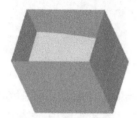

图 6-64　曲面修剪（一）　　　　　　图 6-65　曲面修剪（二）

25. 曲面合并

（1）按住 Ctrl 键，选取两个要合并的曲面，单击"合并"按钮 。

（2）单击 Enter 键或鼠标中键或操控板上的"确定"按钮 ，生成合并曲面。

26. 曲面恒值倒圆角

（1）单击"倒圆角"按钮 ，选取 4 个竖直的边，圆角大小为 R10mm。

（2）单击操控板上的"确定"按钮 ，创建曲面倒圆角特征，如图 6-66 所示。

27. 曲面变值倒圆角

（1）单击"倒圆角"按钮 ，选取底边，显示暂时倒圆角特征，并有一个半径控制的滑块，如图 6-67 所示。

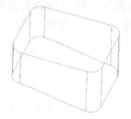
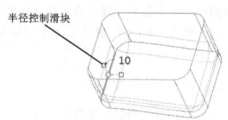

图 6-66　倒圆角（一）　　　　　　图 6-67　倒圆角（二）

（2）把光标置放在半径控制滑块之上，单击鼠标右键，从快捷菜单中选"添加半径"。

（3）把添加的半径控制滑块拖到其他位置，并修改直径大小及位置（位置的数值在0～1），如图6-68所示。

（4）单击操控板上的"确定"按钮，创建变值倒圆角特征，如图6-69所示。

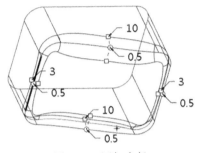

图6-68　添加半径

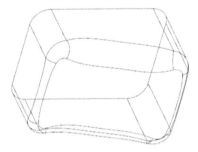

图6-69　变值倒圆角

28．沿基准面修剪曲面

（1）选取工作区的曲面，单击"修剪工具"按扭，再选取FRONT基准面，系统生成一个暂时修剪曲面及一个箭头，箭头表示曲面保留的方向。

（2）单击Enter键或鼠标中键或操控板上的，生成一个修剪曲面，如图6-70所示。

29．曲面加厚

（1）先选曲面的一条边线，再按住键盘Shift键，选取另外两条曲面边线，如图6-71粗线所示。

图6-70　修剪曲面

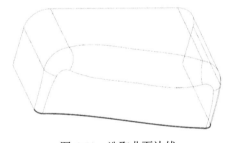

图6-71　选取曲面边线

（2）在菜单栏上选取"延伸"按钮，在"延伸曲面"操控板中选取"将曲面延伸到参照平面"按钮。

（3）单击"基准平面"按钮，再选取曲面的一条边线，如图6-72粗线所示。

（4）单击操控板上的"确定"按钮，创建延伸曲面，如图6-73所示。

（5）在工作区中选取曲面，单击"加厚"按钮。

（6）在操控板上输入厚度为1mm。

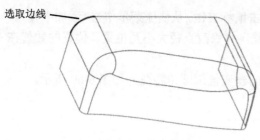 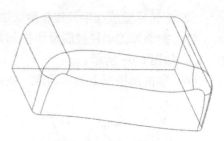

图 6-72　选取边线　　　　　　　　图 6-73　创建延伸曲面

（7）单击 Enter 键或鼠标中键或操控板上的"确定"按钮，所选中的曲面变为实体，如图 6-74 所示。

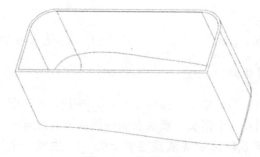

图 6-74　曲面加厚

第 7 章 曲面造型特征设计

1. 自由造型曲线

（1）打开第 2 章所创建的 Ext-Rev.prt，如图 7-1 所示。

（2）先单击横向菜单的"模型"，再单击"样式"按钮，系统默认 TOP 为活动平面。

（3）单击"创建曲线"按钮，再选"创建自由曲线"选项，如图 7-2 所示。

图 7-1 创建一个实体　　　　图 7-2 "造型曲线"操控板

（4）按住 Shift 键，依次单击 A、B、C、D、E 点，如图 7-3 所示。

（5）单击"确定"按钮，创建一条自由造型曲线，如图 7-4 所示。

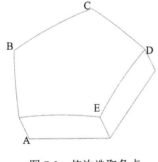 

图 7-3 依次选取各点　　　　图 7-4 创建自由造型曲线

2. 平面造型曲线

（1）单击"样式"按钮，在操控板上选"内部平面"选项，如图 7-5 所示。

（2）按住 Ctrl 键，选取线段 AB 和 C 点，如图 7-6 所示，创建内部平面，如图 7-7 所示。

（3）单击"活动平面方向"按钮，如图 7-8 所示，将视图切换到草绘方向。

图 7-5 选"内部平面"

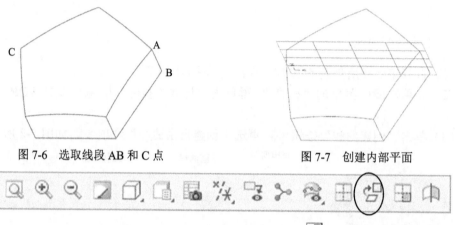

图 7-6 选取线段 AB 和 C 点　　　　图 7-7 创建内部平面

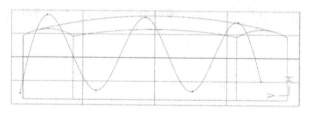

图 7-8 单击"活动平面方向"按钮

（4）单击"创建曲线"按钮，再在操控器上单击"创建平面曲线"按钮。

（5）在活动平面上任意单击若干点，如图 7-9 所示，单击"确定"按钮，创建一条平面造型曲线。

图 7-9 创建平面造型曲线

3. 曲面造型曲线

（1）先单击横向菜单的"模型"，再单击"样式"按钮，然后单击"创建曲线"按钮。

（2）在"造型曲线"操控板上选"创建曲面曲线"选项，如图 7-2 所示。

（3）在顶部的曲面上任意单击若干点，即可创建一条位于曲面上的曲线，如图 7-10 所示。

注意：零件顶部的旋转曲面实际上分成两部分，创建曲面造型曲线时只能在一个曲面上选取点。

4. 投影造型曲线

（1）先单击横向菜单的"模型"，再单击"样式"按钮，系统默认 TOP 为活动平面。

（2）在"造型曲线"操控板上单击"创建曲线"按钮，再单击"创建平面曲线"按钮，任意单击若干点，系统创建一条临时造型曲线，如图 7-11 所示。（此时不要单击"确定"按钮）

（3）在横向菜单栏上选取"样式"，再单击"放置曲线"按钮，系统默认刚才创建的临时曲线为投影曲线。

（4）按住 Ctrl 键，选取零件的圆弧面为投影面，方向选"沿方向"，选 TOP 为投影方向。

（5）单击"确定"按钮，创建投影造型曲线，投影造型曲线有两条，一条在活动平面上，一条在曲面上，如图 7-13 所示。

图 7-10　创建曲面造型曲线

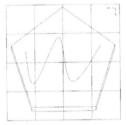
图 7-11　在底面创建一条曲线

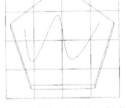
图 7-13　投影造型曲线

5. 相交造型曲线

（1）单击"样式"按钮，再单击"通过相交产生 COS"按钮。

（2）按住 Ctrl 键，选取零件的两个圆弧面为第一组曲面。

（3）在操控板中单击第二组曲面框中的"单击此处添加项"，选取 RIGHT 基准面为第二组曲面。

（4）单击"确定"按钮，创建一条曲面相交造型曲线，如图 7-14 竖直造型线所示。

（5）采用相同的方法，创建圆弧面与 FRONT 的相交造型曲线，如图 7-14 水平造型线所示。

6. 编辑造型曲线

（1）在模型树中选中图 7-4 创建的造型曲线，在弹出的菜单中选取"编辑定义"按钮。

（2）在"造型"操控板中选取"曲线编辑"按钮。

（3）按住 Shift 键，把曲线的端点由 E 点移到 F 点，如图 7-15 所示。

（4）继续选中曲线的端点 F，在"造型"操控板中选取"相切"相切按钮，再选"曲面相切"，如图 7-16 所示。

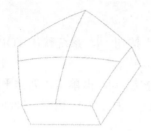
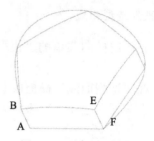

图7-14 曲面相交造型曲线　　　　图7-15 编辑造型曲线

图7-16 选"曲面相切"

（5）在图7-15中选中平面ABEF，曲线的切线与平面ABEF相切，如图7-17所示。

（6）选中端点A，在图7-16上选取"水平"，再选中平面ABEF，曲线端点A的切线切换成水平，如图7-18所示。

（7）按住A点或F点的切线，然后拖动之，可以调整切率的大小及切线的方向。

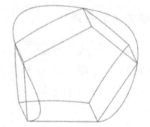

图7-17 曲线的切线与平面相切　　　　图7-18 曲线的切线与平面垂直

7．放样曲面

放样曲面是由一组不相交的造型曲线所创建的曲面。

（1）重新启动Creo 4.0，单击"新建"按钮，文件名为fanyang.prt。

（2）单击"样式"按钮，在"造型"操控板中单击"设置活动平面"按钮，在模型树中选取FRONT为"活动平面"。

（3）在工作区中任意位置长按鼠标右键，在下拉菜单中选取"活动平面方向"命令按钮，视图切换至活动平面方向。

（4）在"造型"操控板中选取"曲线"按钮，再单击"平面曲线"按钮，任意单击4个点，绘制第一条曲线，如图7-19所示。

（5）单击操控板上的"确定"按钮☑，再在操控板上单击"曲线编辑"按钮。

（6）选中曲线的第一个点，再在操控板上单击"点"选项 点，修改坐标（-150，300，0）。

（7）相同的方法，修改其他3点的坐标（-45，270，0）、（150，195，0）（300，120，0）。

（8）单击"确定"按钮☑，绘制第一条造型曲线。

（9）单击"设置内部平面"按钮，在模型树中选取FRONT，将偏移距离设为100mm。

（10）在"造型"操控板中选取"曲线"按钮，再选"平面曲线"按钮，任意单击3个点，绘制第二条曲线。

（11）单击操控板上的"确定"按钮☑，再在操控板上单击"曲线编辑"按钮。

（12）修改三个点的坐标为（-170，260，100）、（50，195，100）、（250，85，100）。

（13）单击"确定"按钮☑，绘制第二条造型曲线，如图7-20所示。

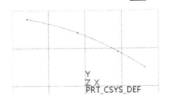
图7-19　绘制第一条曲线

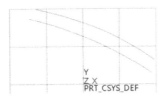
图7-20　绘制第二条曲线

（14）单击操控板上的"确定"按钮☑，再在操控板上单击"设置内部平面"按钮，在模型树中选取FRONT，将偏移距离设为-100mm。

（15）在"造型"操控板中选取"曲线"按钮，再选"平面曲线"按钮，任意单击4个点，绘制第三条曲线。

（16）修改四个点的坐标为（-175，250，-100）、（-10，210，-100）、（115，155，-100）、（250，75，-100）。

（17）单击"造型"操控板上的"确定"按钮☑，创建造型曲线3，如图7-21所示。

（18）选取"样式"按钮，按住Ctrl键，按顺序选取曲线1、曲线2、曲线3。

（19）单击"造型"操控板上的☑，创建一个放样曲面，如图7-22所示。

图7-21　绘制第三条曲线

图7-22　放样曲面

8．混合曲面

由一条或两条主曲线和至少一条与主曲线相交的曲线所创建的曲面。

（1）重新启动Creo 4.0，单击"新建"按钮，文件名为**hunhe.prt**。

（2）单击"样式"按钮，按照图7-20和图7-21所示的方法，创建两条造型曲线。

(3) 在操控板上单击"设置内部平面"按钮，在模型树中选取 RIGHT，将偏移距离设为 100mm，活动平面位置 RIGHT 的左侧（如果活动平面在 RIGHT 的右侧，将偏移距离设为-100mm）。

(4) 选取"曲线"按钮，再选"平面曲线"按钮，绘制第三条曲线，如图 7-23 所示。

(5) 单击"曲线编辑"按钮，先选中第三条曲线，再按住 Shift 键，拖动第三条曲线的端点到第一条曲线上，将另一个端点拖到第二条曲线上，如图 7-24 所示。

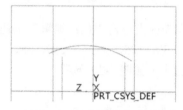
图 7-23 绘制第三条曲线

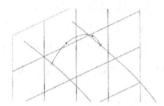
图 7-24 编辑第三条曲线

(6) 单击"确定"按钮，再选取"样式"按钮，先选取曲线 3，单击鼠标中键（或单击 Enter 键），按住 Ctrl 键，再选取曲线 1 和曲线 2。

(7) 单击"造型"操控板上的，创建一个混合曲面，如图 7-25 所示。

图 7-25 创建混合曲面

9. 边界曲面

由一连串（至少 3 条）相连的闭合环路曲线构成的曲面。

(1) 重新启动 Creo 4.0，单击"新建"按钮，文件名为 bianjian.prt。

(2) 单击"样式"按钮，按照图 7-20 和图 7-21 的方法，创建两条造型曲线。

(3) 单击操控板上的"确定"按钮，再在操控板上单击"设置内部平面"按钮，在模型树中选取 RIGHT，将偏移距离设为 100mm。

(4) 选取"曲线"按钮，再选"平面曲线"按钮，任意单击 5 个点，绘制第三条曲线。

(5) 单击"曲线编辑"按钮，先选中第三条曲线，再按住 Shift 键，拖动第三条曲线的节点到第一条曲线上，将另一个节点拖到第二条曲线上，如图 7-26 左边的曲线所示。

(6) 按照前面的方法，任意绘制第四条曲线，如图 7-26 右边的曲线所示。

(7) 选取"样式"按钮，按住 Ctrl 键，按顺序依次选取 4 条曲线。

(8) 单击"造型"操控板上的，创建一个混合曲面，如图 7-27 所示。

第 7 章 曲面造型特征设计

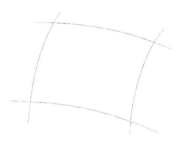
图 7-26 绘制相连曲线

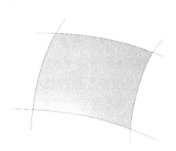
图 7-27 创建边界曲面

10. 造型设计实例训练

（1）启动 Creo 4.0，单击"新建"按钮，文件名为 zaoxingxunlian.prt。

（2）单击"样式"按钮，在"造型"操控板中单击"设置活动平面"按钮，选取 TOP 基准平面为活动平面。

（3）在工作区中任意位置长按鼠标右键，在下拉菜单中选取"活动平面方向"按钮，视图切换至活动平面方向。

（4）在"造型"操控板中选取"曲线"按钮，再单击"平面曲线"按钮，任意选取 4 个点，绘制第一条曲线，如图 7-28 所示。

（5）单击操控板上的"确定"按钮，再在操控板上单击"曲线编辑"按钮。

（6）选中曲线的第一个点，单击操控板上"点"选项，修改坐标（0，0，-200）。

（7）相同的方法，修改其他 3 点的坐标（100，0，-100）、（100，0，100）、（0，0，200）。

（8）选中曲线的第一个点，单击操控板上的"相切"选项，在"约束"选项组的"第一"下拉列表框中选取"竖直"，"属性"长度为 200mm，如图 7-29 所示。

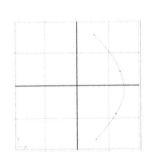
图 7-28 绘制第一条曲线

图 7-29 "约束"选项组

（9）采用同样的办法，选取第 4 点，在"约束"选项组的"第一"下拉列表框中选取"竖直"，"属性"长度为 200mm。

（10）单击操控板上的"确定"按钮，创建第一条造型曲线，如图 7-30 所示。

（11）在操控板上单击"内部平面"按钮，在模型树上选取 TOP 基准平面，在【基准平面】对话框中"平移"为-40mm,单击"确定",创建一个内部基准平面。

(12)在工作区中任意位置长按鼠标右键,在下拉菜单中选取"活动平面方向"按钮,视图切换至活动平面方向。

(13)在"造型"操控板中选取"曲线"按钮,再单击"平面曲线"按钮,任意选取5个点,绘制第二条曲线,如图7-31所示。

图7-30 创建第一条造型曲线

图7-31 绘制第二条曲线

(14)单击操控板上的"确定"按钮,再在操控板上单击"曲线编辑"按钮,依次修改5个点的坐标为(0,40,-160)、(50,40,-135)、(85,40,0)、(50,40,135)、(0,40,160)。

(15)鼠标左键选取第1点,单击操控板上的"相切"选项 相切,在"约束"选项组的"第一"下拉列表框中选取"竖直","属性"长度为150mm。

(16)同样的办法,选取第5点,在"约束"选项组的"第一"下拉列表框中选取"竖直","属性"长度为150mm。

(17)单击操控板上的"确定"按钮,创建第二条造型曲线,如图7-32所示。

(18)在操控板上单击"设置活动平面",在模型树上选取RIGHT基准平面为活动平面。

(19)单击"活动平面方向"按钮,视图切换至活动平面方向。

(20)在"造型"操控板中选取"曲线"按钮,再单击"平面曲线"按钮,任意选取3个点,单击操控板上的"确定"按钮,绘制第三条曲线,如图7-33所示。

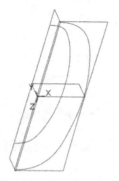
图7-32 第二条造型曲线

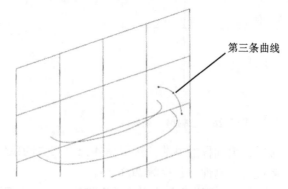
图7-33 第三个造型曲线

(21)单击"曲线编辑"按钮，先按住<Shift>键，再拖动第 1 个端点移到第二条曲线的端点附近，两个端点自动对齐。

(22)同样的方法，将另一个端点与第一条曲线的端点对齐。

(23)适当调整第二点的位置，单击"确定"按钮，创建第三条造型曲线，如图 7-34 右端的曲线所示。

(24)同样的办法，创建第四条曲线，如图 7-34 左端的曲线所示。

(25)在操控板中选取"曲面"命令，按住<Ctrl>，选次选取 4 条曲线，创建一个边界造型曲面，如图 7-35 所示。

图 7-34　创建第三、第四条曲线　　　　图 7-35　创建造型曲面

(26)选中创建的曲面，单击"镜像"按钮，选取 RIGHT 为镜像平面，单击"镜像"操控板上的或鼠标中键或 Enter 键，生成一个镜像特征，如图 7-36 所示。

(27)按住 Ctrl 键，选取原曲面与镜像后的曲面，单击"合并"按钮。

(28)单击"确定"按钮或鼠标中键或 Enter 键，系统将两个曲面合并。

(29)单击"样式"按钮，在"造型"操控板中单击"设置活动平面"按钮，选取 RIGHT 基准平面为活动平面。

(30)在工作区中任意位置长按鼠标右键，在下拉菜单中选取"活动平面方向"按钮，视图切换至活动平面方向。

(31)在"造型"操控板中选取"曲线"按钮，再单击"平面曲线"按钮，任意选取 3 个点，绘制第五条曲线，如图 7-37 所示。

图 7-36　镜像曲面　　　　图 7-37　绘制第五条曲线

(32)单击"确定"按钮，再单击"曲线编辑"按钮，按住 Shift 键，拖动曲线的端点与曲面边线的端点重合，如图 7-38 所示。

(33)在操控板上选中"点"选项 ，然后选中曲线的中点，将坐标改为（0, 50, 0）。

（34）选中曲线的中点，单击鼠标右键，在下拉菜单中选"分割"命令，该曲线分成两段。

（35）选中其中一段，然后选中分割点，在操控板中选"相切"选项 相切 ，在"约束"对话框中"第一"选"竖直"，再选中另一段，再次选中分割点，在操控板中选"相切"选项 相切 ，在"约束"对话框中"第一"选"竖直"。

（36）单击"确定"按钮 ✓，在"造型"操控板中单击"设置活动平面"按钮 ，选取FRONT基准平面为活动平面。

（37）在"造型"操控板中选取"曲线"按钮 ，再单击"平面曲线"按钮 ，任意选取3个点，绘制第六条曲线，如图7-39所示。

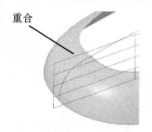
图7-38 重合

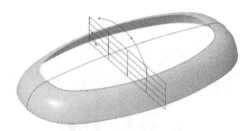
图7-39 绘制第六条曲线

（38）单击"确定"按钮 ✓，再单击"曲线编辑"按钮 ，按住Shift键，拖动曲线的端点，使该端点落在曲面的边线上。

（39）在操控板上选中"点"选项 点 ，然后选中曲线的中点，将坐标改为（0，50，0），修改后的曲线如图7-40所示。

（40）选中曲线的中点，单击鼠标右键，在下拉菜单中选"分割"命令，该曲线分成两段。

（41）选中其中一段，然后选中分割点，在操控板中选"相切"选项 相切 ，在"约束"对话框中"第一"选"水平"，再选中另一段，再次选中分割点，在操控板中选"相切"选项 相切 ，在"约束"对话框中"第一"选"水平"。

（42）单击"曲面"按钮 ，选取第1段曲线，如图7-41所示。

图7-40 绘制第6条曲线

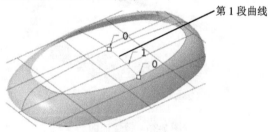
图7-41 选取第一条曲线

（43）按住Shift键，选取第2段曲线，如图7-42所示，两段曲线合并在一起成为第1条曲线。

(44) 按住 Ctrl 键，选取第 2 条曲线，第 2 条曲线显示两个端点，如图 7-43 所示。

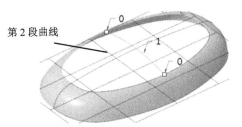
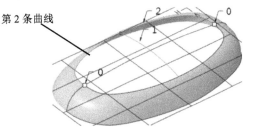

图 7-42　选第 2 段曲线　　　　　　　　图 7-43　选第 2 条曲线

(45) 按住右边的端点，单击鼠标右键，选"修剪位置"，如图 7-44 所示。
(46) 再选取曲线 1，第 2 条曲线被修剪至第 1 条曲线，如图 7-45 所示。

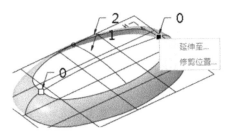
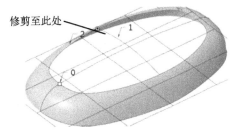

图 7-44　选"修剪位置"　　　　　　　　图 7-45　修剪至第 1 条曲线

(47) 按住 Ctrl 键（注意：不要按 Shift 键），选取第 3 条曲线，如图 7-46 所示。
(48) 在工作区上方单击"内部链"按钮，选取第 4 条曲线为内部参考线（内部参考线确定曲面的形状），如图 7-47 所示。

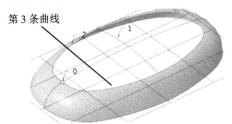
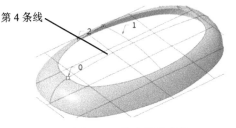

图 7-46　选第 4 条曲线　　　　　　　　图 7-47　选内部参考线

(49) 单击"确定"按钮，创建一个造型曲面，该造型曲面与其他曲面是几何连接，即两曲面之间只存在公共边界，无其他约束，如图 7-48 所示。

以下步骤是定义两曲面相切：

(50) 在模型树上选中造型曲线 AB，如图 7-48 所示，单击鼠标右键，选"编辑定义"命令。
(51) 先选中曲线 AB，再单击"曲线编辑"按钮，然后选中端点 A，如图 7-49 所示。

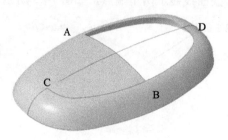

图 7-48 创建造型曲面

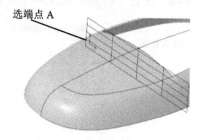

图 7-49 选曲线端点

（52）在操控板上选"相切"选项 相切 ，"约束"为"G1-曲面相切"，长度为 30mm，如图 7-50 所示。

（53）选中曲面后，单击"确定"按钮 ✓，曲线 AB 的端点 A 与曲面相切。

（54）采用相同的方法，设定 AB 的端点 B 与曲面相切，CD 与曲面相切，重新生成后的曲面与其他曲面相切。

注意：如果是按住 Shift 键，再选第 3 条曲线，就不能相切。

（55）采用相同的方法，创建另一个曲面，如图 7-51 所示。

注意：在创建另一个曲面时，不要用镜像命令，否则镜像后的曲面会变形。

图 7-50 "相切"对话框

图 7-51 重新生成曲面

（56）按住 Ctrl 键，选取所有曲面，再单击"合并"按钮 ，完成曲面合并。

（57）选取合并后的曲面，再单击"加厚"按钮 ，输入厚度：2mm，完成加厚特征。

（58）单击"保存"按钮 ，保存文档。

第8章 参数式零件设计

1. 遮阳帽

本节通过绘制一个简单的零件图,重点讲述了 Creo 4.0 参数式零件设计的基本方法及建模的一般过程,产品零件图如图 8-1 所示。

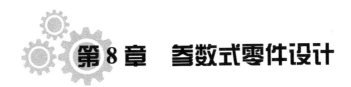

图 8-1 零件图

(1)启动 Creo 4.0,单击"新建"按钮,在【新建】对话框中"类型"选中"○ 零件","子类型"为"○ 实体","名称"为"taiyanmao",取消"使用默认模板"复选框前面的 ☑。单击"确定"按钮 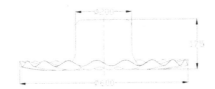,在"新文件选项"对话框中选"mmns_part_solid"选项。

(2)单击"坐标系"按钮,按住 Ctrl 键,依次选取 RIGHT、FRONT、TOP 基准面(依次表示 X0、Y0、Z0),单击"反向"按钮 反向,可以切换 X、Y、Z 的方向,如图 8-2 所示。

(3)单击"确定"按钮 ☑,创建一个坐标系(注意 X、Y 轴的方向),坐标系名称为 CS0。

(4)在模型树上选中"PRT_CSYS_DEF"坐标系,单击鼠标右键,选"隐藏"按钮,只显示 CS0 坐标系,如图 8-3 所示。

图 8-2 "坐标系"对话框

图 8-3 创建坐标系

(5) 在横向菜单中选取"模型|基准|曲线|来自方程的曲线"命令,如图 8-4 所示。

图 8-4 选取"模型|基准|曲线|来自方程的曲线"命令

(6) 在操控板中选取"笛卡儿"坐标系,再单击"方程"选项,如图 8-5 所示。

图 8-5 选"笛卡儿"坐标系

(7) 在"方程"文本框中输入 r=300,x=r*cos(360*t),y=r*sin(360*t),z=10*sin(18*360*t)-150,如图 8-6 所示。

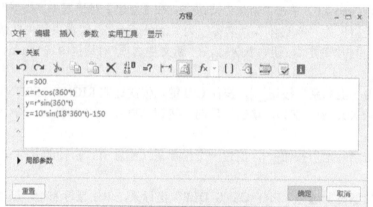

t 是系统变量,取值范围为(0~1),r 指半径,10 指波峰波谷的振幅,18 指有一圈有 18 个波峰波谷

图 8-6 "方程"文本框

(8) 单击"确定"按钮 确定 ,再在工作区中选取坐标系 CS0,创建一个环状波纹曲线,如图 8-7 所示。

(9) 单击"填充"按钮 ,以 TOP 面为草绘平面,绘制一个直径为 φ150mm 的圆,如图 8-8 所示。

(10) 单击"确定"按钮 ,创建一个填充曲面,如图 8-9 所示。

(11) 单击"拉伸"按钮 ,在"拉伸"操控板中单击"放置"选项 放置 ,再单击"定义"按钮 定义... 。

第 8 章 参数式零件设计

图 8-7 环状波纹线

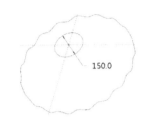

图 8-8 绘制 φ150mm 的圆

（12）单击"平面"按钮，选取 TOP，偏移距离为-20mm，使新建的基准面向下偏移 20mm。

（13）单击"确定"按钮 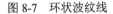，以原点为圆心，绘制一个直径为 φ200mm 的圆周。

（14）单击"确定"按钮，在"拉伸"操控板中单击"面"按钮，选"盲孔"选项，深度为 80mm，单击"反向"按钮，使拉伸方向朝下。

（15）单击"确定"按钮，创建拉伸曲面，如图 8-10 所示。

图 8-9 创建填充曲面

图 8-10 创建拉伸曲面

（16）单击"边界混合曲面"按钮，先选取波浪曲线为第一条曲线。

（17）第二条曲线按如下步骤选取：按住 Ctrl 键，选取拉伸曲面的下边沿线，这时，对选中的部分加粗，没有选中的部分不加粗。再按住 Shift 键，选取下边沿线的另一半，创建边界混合曲面。

（18）对于有的电脑上曲面创建的曲面没有对齐，按以下步骤进行对齐：在模型树中将 在此插入 拖至 边界混合 1 的前面，在快捷菜单中单击"点"按钮，再选中取拉伸曲面的下边线，在"基准点"对话框中"偏移"选 0.5，"类型"选"比率"，如图 8-11 所示。

（19）在模型树中将 在此插入 拖至 边界混合 1 的后面，再选取 边界混合 1，在下拉菜单中选取"编辑定义"按钮，在"边界混合"操控板上单击"控制点"按钮，使两边线的对应点对齐，如图 8-12 所示。此时，两个曲面只是几何连接，并不相切。

（20）在操控板中单击"约束"按钮，在"最后一条链"选"相切"，如图 8-13 所示。

（21）单击"确定"按钮，所创建的边界混合曲面与拉伸曲面相切，如图 8-14 所示。

图 8-11 "基准点"对话框

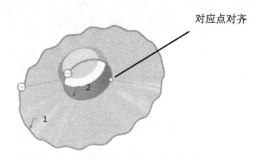

图 8-12 对应点对齐

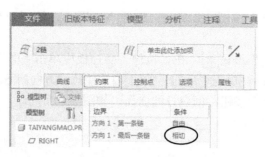

图 8-13 选"相切"

（22）再单击"边界混合曲面"按钮 ，按如下步骤选取边界混合曲面的第一条曲线：先选取拉伸曲面的边线，此时所选中的边线加粗。再按住 Shift 键，选取拉伸曲面边线未加粗的部分。

（23）按如下步骤选取边界混合曲面的第二条曲线：按住 Ctrl 键，选取填充曲面的边线，此时所选中的边线加粗，再按住 Shift 键，选取填充曲面边线未加粗的部分。

（24）单击"确定"按钮 ，创建边界混合曲面（二）（见图 8-15），如果不能创建曲面，请拖动白色的小圆点到另一端点，如图 8-16 所示。

（25）在操控板中单击"约束"按钮 约束 ，在"第一条链"选"相切"，"最后一条链"选"相切"。

（26）单击"确定"按钮 ，边界混合曲面（二）与相邻曲面相切，如图 8-17 所示。

图 8-14 边界混合曲面（一）

图 8-15 边界混合曲面（二）

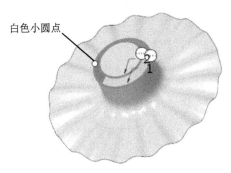
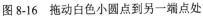

图 8-16　拖动白色小圆点到另一端点处　　　图 8-17　边界混合曲面与相邻面相切

（27）按住 Ctrl 键，在工作区中按排列顺序依次选取填充曲面、混合曲面（二）、拉伸曲面、混合曲面（一），再单击"合并"按钮，所有曲面合并在一起。

注意：选取混合曲面（二）、拉伸曲面、混合曲面（一）时，只能选一次，不能选两次。否则，不能合并。

（28）选取合并后的曲面，再单击"加厚"按钮，在操控板中输入加厚厚度为 1.0mm。

（29）单击"确定"按钮，创建加厚特征。

（30）单击"保存"按钮，保存文档。

2. 齿轮

本节通过绘制一个简单的渐开线齿轮零件图，重点讲述了 Creo 4.0 参数式零件设计的基本方法以及建模的一般过程，零件图如图 8-18 所示。

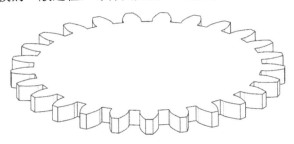

图 8-18　零件图

（1）启动 Creo 4.0，单击"新建"按钮，在【新建】对话框中"类型"选中"零件"，"子类型"为"实体"，"名称"为"chilun"，取消"使用默认模板"复选框前面的。

（2）单击"确定"按钮 ，在"新文件选项"对话框中选"mmns_part_solid"选项。

（3）在"模型"选项卡中选取"模型意图"，再选"d=关系"，如图 8-19 所示。

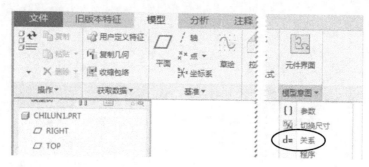

图 8-19 选 "d=关系"

（4）在"关系"文本框中依次输入下列内容：

```
m=2，zm=25，alpha=20，d=zm*m，da=(zm+2)*m，db=zm*m*cos(Alpha)，df=(zm-2.5)*m
```

上述各参数的含义见表 8-1。

表 8-1　齿轮各项参数的名称及公式

名 称	值	参数的含义
m	2	模数
zm	25	齿数
alpha	20	压力角
d	zm*m	分度圆直径
da	(zm+2)*m	齿顶圆直径
db	zm*m*cos(alpha)	齿基圆直径
df	(zm-2.5)*m	齿根圆直径

（5）输入参数后，"关系"文本框如图 8-20 所示。

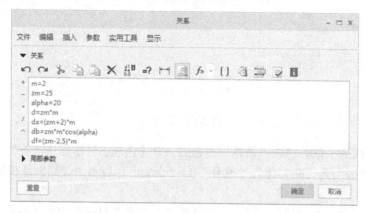

图 8-20　"方程"文本框

（6）单击"草绘"按钮，选取 TOP 为草绘平面，以原点为圆心，绘制一个圆，并把直径标注改为 da（齿顶圆），如图 8-21 所示。

(7) 单击 Enter 键，标注自动改为 54mm。

(8) 采用相同的方法，创建另外三个圆，圆弧直径分别为 d、db、df。

(9) 单击"确定"按钮☑，完成草绘，4 个同心圆如图 8-22 所示。

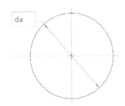
图 8-21 标注改为 da

图 8-22 创建 4 个同心圆

(10) 单击"坐标系"按钮，按住 Ctrl 键，依次选取 RIGHT、FRONT、TOP 基准面(依次表示 X0、Y0、Z0)，单击"反向"按钮 反向 ，可以切换 X、Y、Z 的方向，如图 8-2 所示。

(11) 单击"确定"按钮☑，创建一个坐标系 CS0（注意 X、Y 轴的方向），隐藏坐标系"PRT_CSYS_DEF"，只显示 CS0 坐标系后，如图 8-3 所示。

(12) 在横向菜单中选取"模型 | 基准 | 曲线 | 来自方程的曲线"命令，如图 8-4 所示。

(13) 在操控板中选取"笛卡儿"坐标系，再单击"方程"选项，如图 8-5 所示。

(14) 在"方程"文本框中，输入渐开线方程：

```
theta=45*t
x=db*cos(theta)/2+theta*pi()/360*db*sin(theta)
y=db*sin(theta)/2-theta*pi()/360*db*cos(theta)
z=0
```

(15) 单击"确定"按钮 确定 ，再选取坐标系 CS0，创建一条渐开线，如图 8-23 所示。

注意：如果创建的渐开线在坐标系的下方，则请在模型树中选取 CS0，选"编辑定义"按钮，在"坐标系"对话框中选取"方向"选项卡，在"Y"方向单击"反向"按钮 反向 ，改变坐标系 Y 轴的方向后，渐开线就会改变方向。

(16) 单击"草绘"按钮，选取 TOP 为草绘平面，绘制一条直线，连接原点与渐开线和第 3 个圆的交点，如图 8-24 所示。

图 8-23 创建渐开线

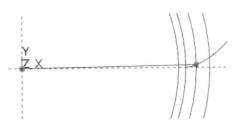
图 8-24 绘制直线

（17）单击"草绘"按钮，选取 TOP 为草绘平面，绘制一条直线，该条直线与上一步所绘直线的夹角为 360/zm/2/2，如图 8-25 所示。

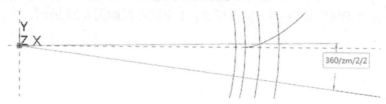

图 8-25　夹角为 360/zm/2/2

（18）单击 Enter 键，夹角改为 3.6°。

（19）单击"确定"按钮，创建一条直线，如图 8-26 所示。

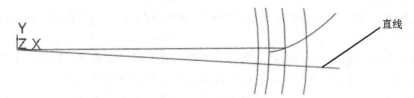

图 8-26　创建一条直线

（20）在模型树中选中"曲线 1"，再单击"镜像"按钮，然后选取"模型 | 基准平面"按钮，按住 Ctrl 键，选取图 8-26 创建的直线和 TOP 平面。

（21）在"基准平面"对话框中输入角度：90°，单击"确定"按钮。

（22）单击"镜像"操控板的"确定"按钮，创建镜像曲线，如图 8-27 所示。

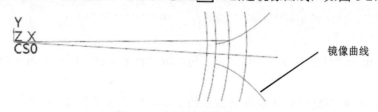

图 8-27　创建镜像曲线

（23）单击"拉伸"按钮，在操控板中选"放置"选项，再单击"定义"按钮，选取 TOP 为草绘平面，以原点为圆心，绘制一个圆，双击直径标注，修改为 da。

（24）单击"确定"按钮，拉伸距离为 10mm，如图 8-28 所示。

（25）单击"拉伸"按钮，在操控板中选"放置"选项，再单击"定义"按钮，选取圆饼的上表面为草绘平面，RIGHT 为参考面，方向向右。

（26）单击"草绘"按钮，进入草绘模式。

（27）单击"草绘视图"按钮，切换视图。

（28）单击"投影"按钮，选取两条渐开线、最小的圆和最大的圆，投影到圆柱上表面。

（29）单击"线链"按钮，经过渐开线的端点，绘制两条渐开线的切线。

（30）单击"删除段"按钮，删除多余的线段，保留一个封闭的曲线，如图 8-29 所示。

图 8-28　创建拉伸体　　　　　　　　图 8-29　草绘

（31）单击"确定"按钮，在操控板中选"通孔"按钮和"移除材料"按钮。

（32）单击"反向"按钮，使箭头朝下。

（33）单击"确定"按钮，创建切除特征，如图 8-30 所示。

（34）在模型树上选取刚才创建的切除特征，再单击"阵列"按钮，在"阵列"操控板中"阵列类型"选轴，在工作区中选取圆柱的中心轴。阵列数目为 25，角度为 14.4°。

（35）单击"确定"按钮，创建一个齿轮特征，如图 8-31 所示。

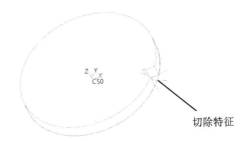
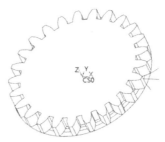

图 8-30　创建切除特征　　　　　　　图 8-31　齿轮特征

（36）在模型树中单击"显示"按钮，再单击"层树"，如图 8-32 所示。

（37）在模型树中选中"03_PRT_ALL_CURVES"，单击鼠标右键，在下拉菜单中选"隐藏"命令，隐藏所有的曲线，如图 8-33 所示。

图 8-32　选"层树"　　　　　　　　图 8-33　隐藏所有的曲线

3. 饮料瓶

本节通过绘制一个简单的饮料瓶零件图，重点讲述了 Creo 4.0 参数式曲线与图形控制曲线同时在零件设计中的应用，产品图如图 8-34 所示。

图 8-34 饮料瓶

（1）启动 Creo Parametric 4.0，单击"新建"按钮，在【新建】对话框中"类型"选中"⊙ □零件"，"子类型"为"⊙ 实体"，"名称"为"bottle"，取消"使用默认模板"复选框前面的 ☑。

（2）单击"确定"按钮 确定 ，在"新文件选项"对话框中选"mmns_part_solid"选项。

（3）绘制第一条曲线：在模型环境下单击"草绘"按钮，以 FRONT 基准面为草绘平面，绘制一条直线，如图 8-35 所示。

（4）绘制第二条曲线：在模型环境下单击"草绘"按钮，以 FRONT 基准面为草绘平面，绘制第 1 条直线，如图 8-36 所示。

（5）在模型树中选中第 2 条曲线，再单击"镜像"按钮，选取 RIGHT 基准面为镜像平面，镜像第 2 条曲线，如图 8-37 所示。

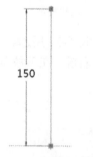
图 8-35 绘制截面（一）

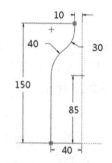
图 8-36 绘制截面（二）

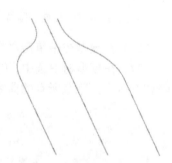
图 8-37 镜像曲线（三）

（6）绘制第 4 条曲线：在模型环境下单击"草绘"按钮，以 RIGHT 基准面为草绘平面，绘制第 4 条直线，如图 8-38 所示。

（7）在模型树中选中第 4 条曲线，再单击"镜像"按钮，选取 FRONT 基准面为镜像平面，镜像第 4 条曲线，如图 8-39 所示。

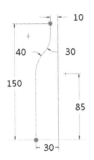

图 8-38 绘制截面（四）

图 8-39 镜像曲线（五）

（8）在横向菜单中选取"模型"选项卡，再单击 基准▼ 按钮，选 图形 命令，输入图形的名字为 Radius。

（9）插入一个坐标系，并创建一个截面，如图 8-40 所示。

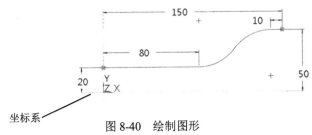

图 8-40 绘制图形

（10）在模型环境下单击"扫描"按钮，先选取中间的曲线为主曲线，起始点在坐标原点处，如图 8-41 所示。

（11）再按住键盘的 Ctrl 键，再选取另外四条曲线。

（12）在操控板上选取"编辑截面"按钮和"可变截面"按钮，经过轨迹线的端点绘制一个截面，4 个角的圆角为 R8，如图 8-42 所示。

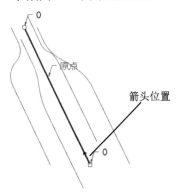

图 8-41 选取主曲线

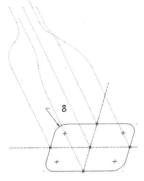

图 8-42 绘制截面

（13）在横向菜单"工具"选项卡中选"d=关系"按钮，在文本框中输入关系式：
sd#=evalgraph("radius",trajpar*150)/5。

注意：d#中的"#"是一个数字，指的是图 8-42 中标注为 8 的编号，不同的计算机在绘制此图时的编号不相同。

（14）单击"确定"按钮 ✓ ，图 8-42 中的圆角自动更新为 R4mm。

（15）单击"确定"按钮 ✓ ，创建零件图，其中零件 4 个角上的 R 是变化的，如图 8-43 所示。

（16）单击"边倒圆"按钮 ，瓶子底部倒圆角 R2mm。

（17）单击"抽壳"按钮 ，创建抽壳特征，厚度为 1mm。

（18）在快捷菜单中单击 扫描 ▼ ，再选"螺旋扫描"命令 ，在"螺旋扫描"操控板中选"参考"按钮 参考 ，再选"定义"按钮 定义... 。

（19）选取 FRONT 基准面为草绘平面，RIGHT 基准面为参考平面，方向向右，绘制轨迹线与基准中心线，如图 8-44 所示。

图 8-43 创建零件图

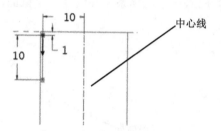
图 8-44 绘制轨迹线与中心线

（20）单击"确定"按钮 ✓ ，再在"扫描"操控板单击"编辑截面"按钮 ，绘制一个截面，如图 8-45 所示。

（21）在"螺纹"操控板中螺距设为 1.5mm， 。

（22）单击"确定"按钮 ✓ ，在瓶口创建螺纹，如图 8-46 所示。

注意：在创建螺纹时，截面与螺距比较，截面不能太大或螺距不能太小，否则不能创建螺纹。

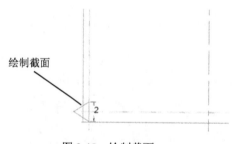
图 8-45 绘制截面

图 8-46 创建螺纹特征

第 9 章 从上往下造型设计

本章以两个实例的造型过程,详细介绍 Creo 从上往下(Top_Down Design)的设计方法。采用这种造型方法,不仅可以减少各装配零件的误差,也能大大缩短设计工程师用于产品设计的时间,目前广泛用于家用电器的设计。

1. 果盒

本节通过一个简单的实例,详细介绍只包含两级零件的从上往下造型设计的方法,零件图如图 9-1 所示。

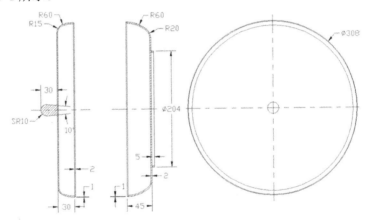

图 9-1 果盒零件图

(1)启动 Creo 4.0,单击"新建"按钮,在【新建】对话框中"类型"选中"⊙装配","子类型"为"⊙设计","名称"为"guohe",取消"使用默认模板"前面的。

(2)单击"确定"按钮 确定 ,在"新文件选项"对话框中选择"mmns_asm_design"模板(图形为公制,单位为 mm),单击"确定"按钮 确定 。

(3)在模型树中选择"设置"按钮,选"树过滤器"命令,在"模型树项"对话框中选中"☑特征"复选框。

(4)单击"确定"按钮 确定 ,模型树中显示三个基准面与基准坐标系。

(5)单击"创建"按钮,在"创建元件"对话框中对"类型"选"⊙骨架模型"选项,"子类型"选"⊙标准"选项,接受系统默认的名称"GUOHE_SKEL",单击"确定"按钮 确定 。

(6)在"创建选项"对话框中选"⊙空"选项,单击"确定"按钮 确定 。

(7) 在模型树中选择 GUOHE_SKEL.PRT，单击鼠标右键，在快捷菜单中选择"激活"按钮，激活 Guohe.prt 零件图。

(8) 再单击"获取数据"区域中的"复制几何"按钮，在"复制几何"操控板中先按下"将参考类型设为装配上下文"按钮，然后单击"仅限发布几何"按钮（使此按钮为弹起状态）。

(9) 在"复制几何"操控板中单击"参考"选项，在"参考"界面中单击"参考"文本框中的"单击此处添加项"字符，然后按住 Ctrl 键，选取 TOP、RIGHT、FRONT 三个基准面。

(10) 在"复制几何"操控板中单击"选项"，选中"按原样复制所有曲面"单选项。

(11) 单击"确定"按钮，所选中的基准面复制到 GUOHE_SKEL.prt 中。

(12) 在模型树中选择 GUOHE_SKEL.prt，在快捷菜单中选"打开"按钮，打开 GUOHE_SKEL.prt。

(13) 单击"旋转"按钮，选取 FRONG 基准面为草绘平面，RIGHT 基准面为参考面，方向向右，单击"草绘"按钮，进入草绘环境。

(14) 单击"草绘视图"按钮，切换成草绘视图。

(15) 选择 RIGHT 与 TOP 基准面为参考基准，工作区中出现两条垂直的参考线，如图 9-2 所示。

(16) 在草绘环境下绘制一个封闭的截面，其中圆弧的圆心在 X 轴上，如图 9-3 所示。

(17) 单击"基准中心线"按钮，绘制一条竖直中心线，如图 9-3 所示。

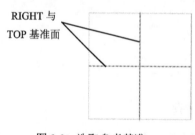

图 9-2　选取参考基准

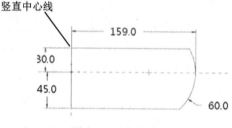

图 9-3　绘制截面

(18) 单击"确定"按钮，创建旋转特征。

(19) 单击"倒圆角"按钮，旋转体的上边缘倒圆角，大小为 R15mm，下边缘倒圆角，大小为 R20mm，如图 9-4 所示。

(20) 单击"抽壳"按钮，直接在操控板中输入厚度为 2mm，创建抽壳特征。（没有选取可移除面，所创建的抽壳特征是一个空壳）

(21) 单击"保存"按钮，保存文档。

(22) 在屏幕的最上方单击"窗口"按钮，打开 Guohe.asm。

(23) 单击"创建"按钮，在"创建元件"对话框中"类型"选"⊙零件"选项，"子类型"选"⊙实体"选项，输入名称"GUOHE_01"，单击"确定"按钮。

（24）在"创建选项"对话框中选"⊙空"选项，单击"确定"按钮，创建 Guohe_01.prt 零件图，此时 Guohe_01.prt 处于激活状态。

（25）单击"获取数据"按钮，选取"合并/继承"命令，在"合并/继随"操控板中单击"参考"选项。

（26）在"参考"界面中选中"复制面组"复选框，然后在工作区中选中所有曲面（骨架模型），再单击"确定"按钮，选中的骨架模型复制到 Guohe_01.prt 中。

（27）再单击"复制几何"按钮，在"复制几何"操控板中先按下"将参考类型设为装配上下文"按钮，然后单击"仅限发布几何"按钮（使此按钮为弹起状态）。

（28）单击"参考"选项，在"参考"界面中单击"参考"文本框中的"单击此处添加项"字符，再按住<Ctrl>键，选取 TOP、RIGHT、FRONT 三个基准面。

（29）在"复制几何"操控板中单击"选项"，选中"⊙按原样复制所有曲面"单选项。

（30）单击"确定"按钮，所选中的基准面复制到 Guohe_01.prt 中。

（31）在模型树中选择 GUOHE_01.PRT，单击鼠标右键，在快捷菜单中选择"打开"按钮，打开 Guohe_01.prt 零件图。

（32）单击"拉伸"按钮，选取 TOP 基准面为草绘平面，RIGHT 基准面为参考面，方向向右，单击"草绘"按钮，进入草绘环境。

（33）单击"草绘视图"按钮，切换成草绘视图。

（34）选择 FRONT 与 RIGHT 基准面为参考基准，工作区中出现两条垂直的参考线。

（35）在草绘环境下绘制一个截面（320mm×320mm），如图 9-5 所示。

图 9-4 创建旋转体

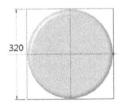

图 9-5 绘制截面

（36）在"拉伸"操控板中选"贯通"按钮，单击"反向"按钮，使箭头朝上，单击"移除材料"按钮，如图 9-6 所示。

（37）单击"确定"按钮，切除零件的上半部分，保留下半部分，如图 9-7 所示。

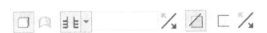

图 9-6 "拉伸"操控板

图 9-7 切除上半部分

(38) 单击"唇"特征按钮 唇（"唇"特征按钮的调出方式请参考第 3 章 Pro/E 版特征命令）。

(39) 按住 Ctrl 键，选取抽壳特征的内边缘线，如图 9-8 中粗线所示，单击"完成"按钮。

(40) 选取零件口部平面为偏移曲面，偏移值为 2mm，从边到拔模曲面的距离为 1mm。

(41) 选取零件口部平面为拔模面，拔模角度为 3°。

(42) 单击"确定"按钮，创建唇特征，如图 9-9 所示。

图 9-8　选取内边缘线　　　　　　图 9-9　创建唇特征

(43) 单击"旋转"按钮，选取 FRONG 基准面为草绘平面，RIGHT 基准面为参考面，方向向右，单击"草绘"按钮 草绘 ，进入草绘环境。

(44) 单击"草绘视图"按钮，切换成草绘视图。

(45) 选择 RIGHT 与 TOP 基准面为参考基，工作区中出现两条垂直的参考线。

(46) 在草绘环境下绘制一个矩形（2mm×5mm），如图 9-10 所示。

(47) 单击"基准中心线"按钮，绘制一条竖直中心线，如图 9-10 所示。

(48) 单击"确定"按钮，创建零件底部的旋转特征，如图 9-11 所示。

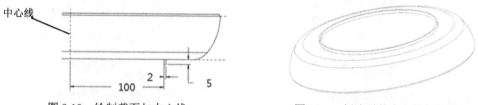

图 9-10　绘制截面与中心线　　　　图 9-11　创建零件底部的旋转特征

(49) 单击"保存"按钮，保存文件。

(50) 在屏幕的最上方单击"窗口"按钮，打开 Guohe.asm。

(51) 单击"创建"按钮，在"创建元件"对话框中"类型"选"●零件"选项，"子类型"选"●实体"选项，输入名称"GUOHE_02"，单击"确定"按钮 确定 。

(52) 在"创建选项"对话框中选"●空"选项，单击"确定"按钮 确定 ，创建 Guohe_02.prt 零件图，此时 Guohe_02.prt 处于激活状态。

(53) 单击"获取数据"按钮 获取数据 ，选取"合并/继承"命令，在"合并/继随"操控板中单击"参考"选项 参考 。

第9章 从上往下造型设计

（54）在"参考"界面中选中"☑复制面组"复选框，然后在工作区中选中所有曲面（骨架模型），再单击"确定"按钮✓，选中的骨架模型复制到 Guohe_02.prt 中。

（55）再单击"复制几何"按钮，在"复制几何"操控板中先按下"将参考类型设为装配上下文"按钮，然后单击"仅限发布几何"按钮（使此按钮为弹起状态）。

（56）单击"参考"选项 参考 ，在"参考"界面中单击"参考"文本框中的"单击此处添加项"字符 单击此处添加项 ，再按住 Ctrl 键，选取 TOP、RIGHT、FRONT 三个基准面。

（57）在"复制几何"操控板中单击"选项" 选项 ，选中"◉按原样复制所有曲面"单选项。

（58）单击"确定"按钮✓，所选中的基准面复制到 Guohe_02.prt 中。

（59）在模型树中选择 GUOHE_02.PRT，单击鼠标右键，在快捷菜单中选择"打开"按钮，打开 Guohe_02.prt 零件图。

（60）单击"拉伸"按钮，选取 TOP 基准面为草绘平面，RIGHT 基准面为参考面，方向向右，单击"草绘"按钮 草绘 ，进入草绘环境。

（61）单击"草绘视图"按钮，切换成草绘视图。

（62）选择 FRONT 与 RIGHT 基准面为参考基准，工作区中出现两条垂直的参考线。

（63）在草绘环境下绘制一个截面（320mm×320mm），如图 9-5 所示。

（64）在"拉伸"操控板中选"贯通"按钮，单击"反向"按钮，使箭头朝下，单击"移除材料"按钮。

（65）单击"确定"按钮✓，切除零件的下半部分，保留上半部分，如图 9-12 所示。

（66）翻转实体后，如图 9-13 所示。

图 9-12 切除下半部分　　　　　　　　图 9-13 创建抽壳特征

（67）单击"唇"特征按钮（"唇"特征按钮的调出方式请参考第 3 章 Pro/E 版特征命令的加载）。

（68）按住 Ctrl 键，选取抽壳特征的内边缘线，如图 9-8 中粗线，单击"完成"按钮。

（69）选取零件口部平面为偏移曲面，偏移值为-2mm，从边到拔模曲面的距离为 1mm。

（70）选取零件口部平面为拔模面，拔模角度为 3°。

（71）单击"确定"按钮，创建唇特征，如图 9-14 所示。

（72）单击"旋转"按钮，选取 FRONG 基准面为草绘平面，RIGHT 基准面为参考面，方向向右，单击"草绘"按钮 草绘 ，进入草绘环境。

（73）单击"草绘视图"按钮，切换成草绘视图。

（74）选择 RIGHT 与 TOP 基准面为参考基准，工作区中出现两条垂直的参考线。

（75）在草绘环境下绘制一个封闭的截面，如图 9-15 所示。

（76）单击"基准中心线"按钮，绘制一条竖直中心线，如图 9-15 所示。

图 9-14　创建唇特征　　　　　图 9-15　绘制封闭截面与中心线

（77）单击"确定"按钮，创建旋转特征，如图 9-16 所示。

（78）单击"保存"按钮，保存文件。

（79）在屏幕的最上方单击"窗口"按钮，打开 Guohe.asm。

（80）在模型树中选取 GUOHE.ASM，在快捷菜单中选择"激活"按钮，激活整个装配图 Guohe.asm。

（81）在模型树中选取 GUOHE_SKEL.PRT，在快捷菜单中选择"隐藏"按钮，隐藏 GUOHE_SKEL.PRT。

（82）在模型树中选取 GUOHE_01.PRT 和 GUOHE_02.PRT，在快捷菜单中选择"取消隐藏"按钮，显示 Guohe_01.prt 和 guohe_02.prt，如图 9-17 所示。

（83）单击"保存"按钮，保存文件。

图 9-16　创建旋转特征　　　　　　图 9-17　显示装配图

2．电子钟

本节通过一个简单的实例，详细介绍包含多级零件的从上往下造型设计的方法，零件图如图 9-18 所示。

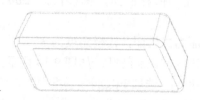

图 9-18　零件图

第 9 章 从上往下造型设计

（1）启动 Creo 4.0，单击"新建"按钮，在【新建】对话框中"类型"选中"⊙装配"，"子类型"为"⊙设计"，"名称"为"clock"，取消"使用默认模板"前面的☑。

（2）单击"确定"按钮 确定 ，在"新文件选项"对话框中选择"mmns_asm_design"模板（图形为公制，单位为 mm），单击"确定"按钮 确定 。

（3）在模型树中选择"设置"按钮，选"树过滤器"命令，在"模型树项"对话框中选中"☑特征"复选框。

（4）单击"确定"按钮 确定 ，模型树中显示三个基准面与基准坐标系。

（5）单击"创建"按钮，在"创建元件"对话框中"类型"选"⊙骨架模型"选项，"子类型"选"⊙标准"选项，接受系统默认的名称"Clock_SKEL"，单击"确定"按钮 确定 。

（6）在"创建选项"对话框中选"⊙空"选项，单击"确定"按钮 确定 。

（7）在模型树中选择 CLOCK_SKEL.PRT，单击鼠标右键，在快捷菜单中选择"激活"按钮，激活 Clock.prt 零件图。

（8）单击"获取数据"区域中的"复制几何"按钮，在"复制几何"操控板中先按下"将参考类型设为装配上下文"按钮，然后单击"仅限发布几何"按钮（使此按钮为弹起状态）。

（9）在"复制几何"操控板中单击"参考"选项 参考 ，在"参考"界面中单击"参考"文本框中的"单击此处添加项"字符，然后按住<Ctrl>键，选取 TOP、RIGHT、FRONT 三个基准面。

（10）在"复制几何"操控板中单击"选项" 选项 ，选中"⊙按原样复制所有曲面"单选项。

（11）单击"确定"按钮☑，所选中的基准面复制到 Clock _SKEL.prt 中。

（12）在模型树中选择 Clock_SKEL.prt，在快捷菜单中选"打开"按钮，打开 Clock _SKEL.prt。

（13）在快捷按钮中单击"形状"按钮 形状▼ ，再单击"混合"按钮，在"混合"操控板中选"截面"选项 截面 ，选中"⊙草绘截面"单选框，再选"定义"选项 定义... 。

（14）选取 FRONG 基准面为草绘平面，TOP 基准面为参考面，方向向上，单击"草绘"按钮 草绘 ，进入草绘环境。

（15）单击"草绘视图"按钮，切换成草绘视图。

（16）选择 RIGHT 与 TOP 基准面为参考基准，工作区中出现两条垂直的参考线。

（17）绘制一个截面（1），如图 9-19 所示（注意箭头位置）。

（18）单击"确定"按钮☑，在"混合"操控板中选"截面"选项 截面 ，选中"⊙草绘截面"单选框，"草绘平面位置定义方式"选"⊙偏移尺寸"复选框，"偏移自"选"截面 1"，"距离"为 50mm，再选"定义"选项 草绘... 。

（19）绘制一个截面（二），如图 9-20 所示（注意箭头位置）。

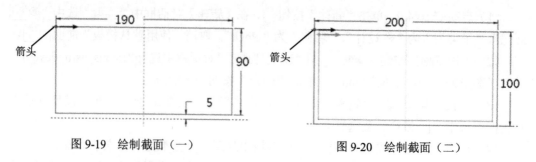

图 9-19　绘制截面（一）　　　　　图 9-20　绘制截面（二）

（20）单击"确定"按钮☑，创建混合特征，如图 9-21 所示。

（21）单击"边倒圆"按钮，混合特征的 4 条棱边倒圆角（R10mm），如图 9-22 所示。

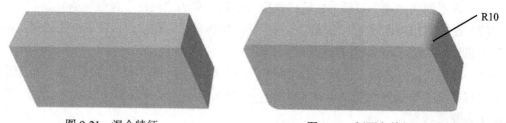

图 9-21　混合特征　　　　　　　图 9-22　倒圆角特征（一）

（22）再单击"边倒圆"按钮，混合特征的侧面与前面和后面倒圆角（R5mm），如图 9-23 所示。

（23）单击"抽壳"按钮，直接在操控板中输入厚度为 2mm，创建抽壳特征。（没有选取可移除面，所创建的抽壳特征是一个空壳）

（24）单击"基准"按钮 基准▼ ，选取"曲线|轮廓曲线"命令（如找不到此命令，可以在工作区右上角单击"命令搜索"按钮，在文本框中输入"轮廓曲线"，即可显示"轮廓曲线"命令）。

（25）在"轮廓曲线"操控板中选"参考"按钮 参考 ，再选取"细节"按钮 细节 。

（26）在"曲面集"对话框中选"添加"按钮 添加(A) 。

（27）任意选取实体的一个面，再在"曲面集"对话框中选取"◉所有实体曲面"复选框。

（28）单击"确定"按钮 确定(O) 。

（29）在"轮廓曲线"操控板中单击"轮廓线方向"的 单击此处添加项 ，再在工作区中选取 FRONT 基准平面。

（30）单击"确定"按钮☑，创建轮廓曲线，如图 9-24 所示。

（31）单击"拉伸"按钮，选 放置 ，再选 定义... ，选取 RIGHT 为草绘平面，TOP 为参考平面，方向向上。

（32）选取 FRONT 与 TOP 为参考平面，工作区中出现两条互相垂直的参考线。

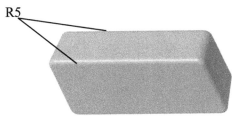
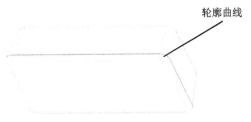

图 9-23　倒圆角特征（二）　　　　　图 9-24　创建轮廓曲线

（33）绘制一条直线，与轮廓曲线对齐，如图 9-25 所示。

（34）单击"确定"按钮，在"拉伸"操控板中选"曲面"按钮，"对称"按钮，距离为 200mm。

（35）单击"确定"按钮，创建一个拉伸曲面，如图 9-26 所示。

图 9-25　绘制截面　　　　　　　　图 9-26　创建拉伸曲面

（36）单击"保存"按钮，保存文件。

（37）在屏幕的最上方单击"窗口"按钮，打开 clock.asm。

（38）单击"创建"按钮，在"创建元件"对话框中"类型"选"⊙ 零件"选项，"子类型"选"⊙ 实体"选项，输入名称"clock_01"，单击"确定"按钮。

（39）在"创建选项"对话框中选"⊙ 定位默认基准"单选框和"⊙ 对齐坐标系与坐标系"单选框，单击"确定"按钮。

（40）在工作区中选中 ASM_DEF_CSYS 坐标系，创建 clock_01.prt，此时模型树中 CLOCK_01.PRT 处于激活状态。

（41）单击"获取数据"按钮，选取"合并/继承"命令，在"合并/继承"操控板中单击"参考"选项，在"参考"界面中取消"复制基准平面"与"复制面组"复选框前面的，如图 9-27 所示。

（42）选取所有曲面（骨架模型），单击"确定"按钮，选中的曲面复制到 Clock_01.prt 中。

（43）单击"复制几何"按钮，在"复制几何"操控板中先按下"将参考类型设为装配上下文"按钮，然后单击"仅限发布几何"按钮（使此按钮为弹起状态）。

（44）选取拉伸曲面，单击"确定"按钮，选中的曲面复制到 Clock_01.prt 中。

（45）在模型树中选择 CLOCK_01.PRT，单击鼠标右键，在快捷菜单中选择"打开"按钮，打开 Clock_01.prt 零件图。

（46）选中拉伸曲面，再在快捷菜单栏中选取"实体化"按钮，在"实体化"操控板中选取"切除材料"按钮，再单击"反向"按钮，使箭头朝外。

（47）单击"确定"按钮，切除零件前半部分，保留后半部分，如图 9-28 所示。

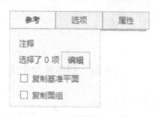
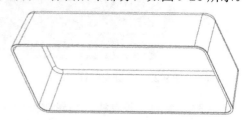

图 9-27　取消选取"复制基准平面"与"复制面组"　　　图 9-28　保留零件后半部分

（48）单击"扫描"按钮，先选取抽壳特征的一条边线，再按住 Shift 键，选取其他外边线为轨迹线，如图 9-29 所示。

（49）在"扫描"操控板中选"参考"选项，在"参考"对话框中，"横截面控制"选"垂直于轨迹"，"水平|竖直控制"选"自动"，"起点的 X 方向参考"选"默认"，如图 9-30 所示。

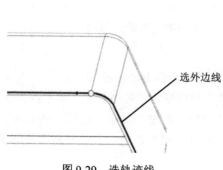

图 9-29　选轨迹线　　　　　　　　　　图 9-30　"参考"对话框

（50）在"扫描"操控板中单击"绘制截面"按钮，绘制一个截面，如图 9-31 所示。

（51）单击"确定"按钮，在"扫描"操控板中选"切除材料"按钮。

（52）单击"确定"按钮，创建唇特征，如图 9-32 所示。

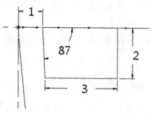
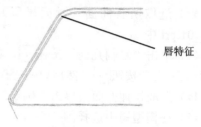

图 9-31　绘制截面　　　　　　　　　　图 9-32　创建唇特征

(53) 单击"拉伸"按钮，在"拉伸"操控板中选"放置"选项 放置 ，再选"定义"选项 定义... 。

(54) 在模型树中选取 DTM2 基准面为草绘平面，DTM1 基准面为参考面，方向向右，单击"草绘"按钮 草绘 ，进入草绘环境。

(55) 单击"草绘视图"按钮，切换成草绘视图。

(56) 在草绘环境下绘制两个截面（25mm×5mm），如图 9-33 所示。

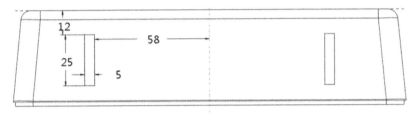

图 9-33　绘制截面

(57) 在"拉伸"操控板中选"拉伸至与指定曲面相交"按钮。

(58) 单击"确定"按钮，选取零件的下平面，创建拉伸特征，如图 9-34 所示。

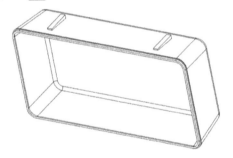

图 9-34　创建拉伸特征

(59) 单击"保存"按钮，保存文件。

(60) 在屏幕的最上方单击"窗口"按钮，打开 clock.asm。

(61) 单击"创建"按钮，在"创建元件"对话框中"类型"选"⊙ 零件"选项，"子类型"选"⊙ 实体"选项，输入名称"clock"，单击"确定"按钮 确定 。

(62) 在"创建选项"对话框中选"⊙ 定位默认基准"单选框和"⊙ 对齐坐标系与坐标系"单选框，单击"确定"按钮 确定 。

(63) 在工作区中选中 ASM_DEF_CSYS 坐标系，创建 clock.prt。此时，clock.prt 处于激活状态。

(64) 单击"获取数据"按钮 获取数据▼ ，选取"合并/继承"命令，在"合并/继随"操控板中单击"参考"选项 参考 。

(65) 在"参考"界面中取消"复制基准平面"与"复制面组"复选框前面的，如图 9-27 所示。

(66) 在工作区中选中所有曲面（骨架模型），再单击"确定"按钮，选中的骨架模型复制到 clock.prt 中。

（67）单击"复制几何"按钮，在"复制几何"操控板中先按下"将参考类型设为装配上下文"按钮，然后单击"仅限发布几何"按钮（使此按钮为弹起状态）。

（68）在工作区中选取拉伸曲面，单击"确定"按钮，拉伸曲面复制到 clock.prt 中。

（69）在模型树中选择 CLOCK.PRT，单击鼠标右键，在快捷菜单中选择"打开"按钮，打开 clock.prt 零件图。

（70）选中拉伸曲面，再在快捷菜单栏中选取"实体化"按钮，在"实体化"操控板中选取"切除材料"按钮，再单击"反向"按钮，使箭头朝里。

（71）单击"确定"按钮，切除零件后半部分，保留前半部分，如图 9-35 所示。

（72）单击"扫描"按钮，选取抽壳特征的外边线为轨迹线，如图 9-29 所示。

（73）在"扫描"操控板中选"参考"选项，在"参考"对话框中，"横截面控制"选"垂直于轨迹"，"水平｜竖直控制"选"自动"，"起点的 X 方向参考"选"默认"，如图 9-30 所示。

（74）在"扫描"操控板中单击"绘制截面"按钮，绘制一个封闭的截面，如图 9-36 所示。

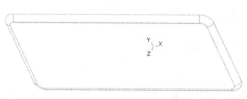

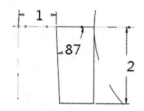

图 9-35 保留前半部分　　　　　　　图 9-36 绘制截面

（75）单击"确定"按钮，创建唇特征，如图 9-37 所示。

（76）选取零件表面的平面，如图 9-38 的阴影曲面所示。

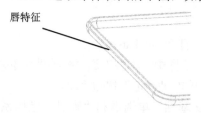

图 9-37 创建唇特征　　　　　　　图 9-38 选取平面

（77）在快捷菜单中选"偏移"按钮，距离为 1mm，单击"反向"按钮，使箭头朝里。

（78）单击"确定"按钮，创建偏移曲面，如图 9-39 所示。

（79）单击"拉伸"按钮，在"拉伸"操控板中选"放置"选项，再选"定义"选项。

（80）在模型树中选取 DTM3 基准面为草绘平面，DTM1 基准面为参考面，方向向右，单击"草绘"按钮，进入草绘环境。

（81）单击"草绘视图"按钮，切换成草绘视图。

（82）在草绘环境下绘制一个截面（150mm×70mm），如图 9-40 所示。

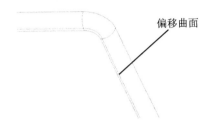

图 9-39　偏移曲面　　　　　　　　　图 9-40　绘制截面

（83）单击"确定"按钮，在"拉伸"操控板中选"曲面"按钮，"拉伸类型"选"指定深度"，深度为 60mm。

（84）单击"确定"按钮，创建拉伸特征，如图 9-41 所示。

（85）单击"保存"按钮，保存文件。

（86）在屏幕的最上方单击"窗口"按钮，打开 clock.asm。

（87）单击"创建"按钮，在"创建元件"对话框中"类型"选"⊙零件"选项，"子类型"选"⊙实体"选项，输入名称"clock_02"，单击"确定"按钮。

（88）在"创建选项"对话框中选"⊙定位默认基准"单选框和"⊙对齐坐标系与坐标系"单选框，单击"确定"按钮。

（89）在工作区中选中 ASM_DEF_CSYS 坐标系，创建 clock_02.prt，此时 clock_02.prt 处于激活状态。

（90）单击"获取数据"按钮，选取"合并/继承"命令，在"合并/继随"操控板中单击"参考"选项，在"参考"界面中选取"☑复制面组"复选框。

（91）在模型树中选中 CLOCK.PRT，再单击"确定"按钮。

（92）在模型树中选取 CLOCK_02.PRT，在快捷菜单中单击"打开"按钮，打开 clock_02.prt 零件图。

（93）按住 Ctrl 键，在工作区中选取偏移曲面和拉伸曲面，再在快捷菜单中选取"合并"按钮，工作区中显示两个曲面的保留方向，如图 9-42 所示。

（94）单击"确定"按钮，创建合并曲面。

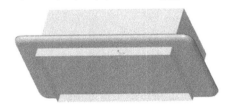

图 9-41　创建拉伸曲面　　　　　　　图 9-42　箭头方向

（95）在模型树中选取"合并 1"，再在快捷菜单中选取"实体化"按钮。

（96）在"实体化"操控板中选取"切除材料"按钮，单击"反向"按钮，使箭头朝里。

（97）单击"确定"按钮☑，创建镜片特征，如图9-43所示。

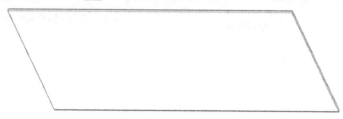

图9-43　镜片实体

（98）单击"保存"按钮🖫，保存文件。

（99）在屏幕的最上方单击"窗口"按钮，打开clock.asm。

（100）单击"创建"按钮，在"创建元件"对话框中"类型"选"⦿零件"选项，"子类型"选"⦿实体"选项，输入名称"clock_03"，单击"确定"按钮 确定 。

（101）在"创建选项"对话框中选"⦿定位默认基准"单选框和"⦿对齐坐标系与坐标系"单选框，单击"确定"按钮 确定 。

（102）在工作区中选中ASM_DEF_CSYS坐标系，创建clock_03.prt，此时clock_03.prt零件处于激活状态。

（103）单击"获取数据"按钮 获取数据▼ ，选取"合并/继承"命令，在"合并/继随"操控板中单击"参考"选项 参考 ，在"参考"界面中选取"☑复制面组"复选框。

（104）在模型树中选中 CLOCK.PRT，再单击"确定"按钮☑。

（105）在模型树中选取 CLOCK_03.PRT，在快捷菜单中单击"打开"按钮，打开clock_03.prt零件图。

（106）按住Ctrl键，在工作区中选取偏移曲面和拉伸曲面，再在快捷菜单中选取"合并"按钮，工作区中显示两个曲面的保留方向，如图9-42所示。

（107）单击"确定"按钮☑，创建合并曲面。

（108）在模型树中选取"合并1" 合并1，再在快捷菜单中选取"实体化"按钮。

（109）在"实体化"操控板中选取"切除材料"按钮，单击"反向"按钮，使箭头朝内。

（110）单击"确定"按钮☑，创建镜片座特征，如图9-44所示。

图9-44　镜片座

（111）单击"保存"按钮 ![], 保存文件。

（112）在屏幕的最上方单击"窗口"按钮 ![], 打开 clock.asm。

（113）在模型树中隐藏 CLOCK_SKEL.PRT 和 CLOCK.PRT 后，装配图如图 9-45 所示。

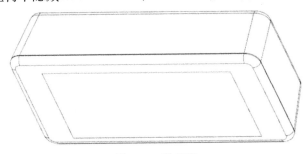

图 9-45　装配图

第 10 章 装配设计

本章通过对组件各零件进行装配,详细讲解 Creo 装配设计、装配组件的编辑、装配爆炸图设计的主要操作过程。在学习本章前,先请读者完成下列 4 个零件的结构设计。

(1) Diban 结构图(见图 10-1)。

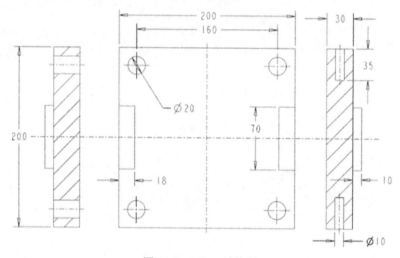

图 10-1　Diban 结构图

(2) Mianban 结构图(见图 10-2)。

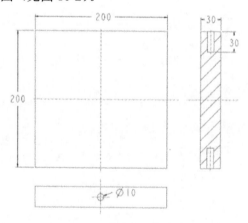

图 10-2　mianban 结构图

(3) Xiaoding 结构图（见图 10-3）。

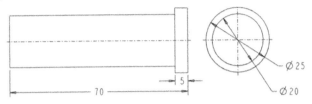

图 10-3　Xiaoding 结构图

(4) Luogan 结构图（见图 10-4）。

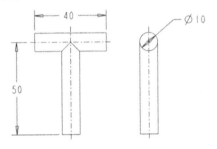

图 10-4　Luogan 结构图

1. 装配零件

（1）单击"新建"按钮，在"新建"对话框中"类型"选"⦿ 装配"，"子类型"选"⦿ 设计"，"名称"为"zhuangpei"，取消选取"使用默认模板"复选框，如图 10-5 所示。

图 10-5　"新建"对话框

（2）单击"确定"按钮 确定 ，在"新文件选项"对话框中选取"mmns_asm_design"。

（3）单击"确定"按钮 确定 ，进入装配环境。

（4）单击"组装"按钮 ，选取 diban.prt，单击"打开"按钮，工作区中显示 diban.prt 零件图，diban 零件的基准面与装配图的基准面的约束关系如图 10-6 所示。

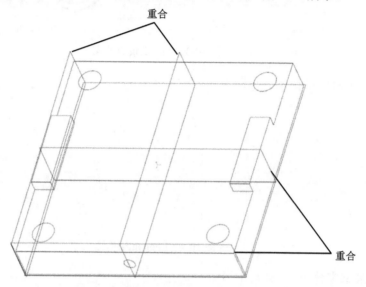

图 10-6　两组基准面的约束关系

（5）在"元件放置"操控板中单击"放置"按钮 放置 ，在工作区中选取 diban.prt 的 RIGHT 基准面与 zhuangpei.asm 的 RIGHT 基准面，选 "约束已启用"复选框，"约束类型"选"重合"，如图 10-7 所示。

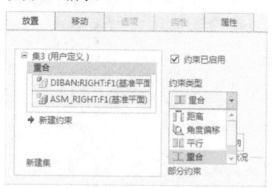

图 10-7　"放置"选项卡

（6）在"放置"对话框中单击"新建约束"按钮，diban.prt 的 FRONT 基准面与 zhuangpei.asm 的 FRONT 基准面重合，diban.prt 的 TOP 基准面与 zhuangpei.asm 的 TOP 基准面重合，如图 10-7 所示。此时，在"元件放置"操控板中显示"完全约束"。

（7）单击"确定"按钮 ，装配第一个零件，如图 10-8 所示。

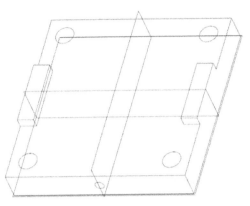

图 10-8　装配第一个零件

(8) 单击"组装"按钮，选取 mianban.prt，单击"打开"按钮，工作区中出现 mianban.prt 零件图，两个零件的约束关系如图 10-9 所示。

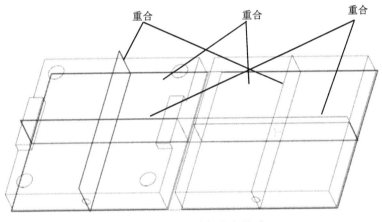

图 10-9　两零件的约束关系

(9) 在"元件放置"操控板中单击"放置"按钮 放置 ，在工作区中选取 diban.prt 的上表面与 mianban.prt 的上表面，选"☑约束已启用"复选框，"约束类型"选"重合"，再单击"反向"按钮，两个零件第一组装配后的位置关系如图 10-10 所示。

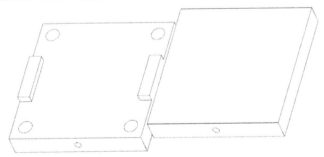

图 10-10　两零件第一组装配后

(10) 在"放置"对话框中单击"新建约束"按钮,mianban.prt 的 FRONT 基准面与 zhuangpei.asm 的 FRONT 基准面重合,mianban.prt 的 RIGHT 基准面与 zhuangpei.asm 的 RIGHT 基准面重合,此时在"元件放置"操控板中显示"完全约束"。

(11) 单击"确定"按钮✓,装配第二个零件,如图 10-11 所示。

(12) 单击"组装"按钮, 选取 xiaoding.prt 为第三个装配零件,单击"打开"按钮。

(13) 在"元件放置"操控板中单击"放置"按钮 放置 ,在工作区中选取 xiaoding.prt 的台阶面与 mianban.prt 的上表面,如图 10-12 所示。

图 10-11 装配第二个零件

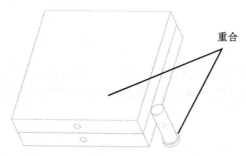

图 10-12 约束关系

(14) 选"☑约束已启用"复选框,"约束类型"选"重合",再单击"反向"按钮,两个零件的位置关系如图 10-13 所示。

(15) 在"放置"对话框中单击"新建约束"按钮,xiaoding.prt 的中心轴与 diban.prt 圆孔的中心轴重合,此时在"元件放置"操控板中显示"完全约束"。

(16) 单击"确定"按钮✓,装配第三个零件,如图 10-14 右下角的零件所示。

(17) 在模型树中选取 xiaoding.prt,在弹出的快捷菜单中选取"阵列"按钮,在"阵列"操控板中"阵列类型"选"方向"。

(18) 第一方向选取 FRONT 基准面,数量为 2,距离为 160mm。

注意:如果零件图所用的单位是英制,而装配图所用的单位是公制,那么阵列的距离应为 160mm×25.4mm;如果零件图的单位是公制,而装配图所用的单位是英制,那么阵列的距离应为 160/25.4mm。

(19) 第二方向选取 RIGHT 基准面,数量为 2,距离为 160mm。

(20) 单击"确定"按钮✓,完成第三个零件的阵列,如图 10-14 所示。

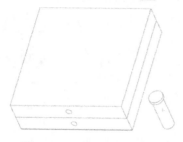

图 10-13 两零件的位置关系

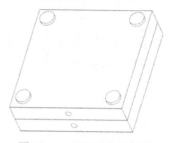

图 10-14 阵列第三个零件

（21）单击"组装"按钮，选取 luogan.prt 为第四个装配零件，单击"打开"按钮。

（22）在"元件放置"操控板中单击"放置"按钮 放置 ，在工作区中选取 luogan.prt 的端面与 mianban.prt 的端面，如图 10-15 所示。

（23）选"☑约束已启用"复选框，"约束类型"选"距离"，"偏移距离"为-25mm（或者-25mm×25.4mm），再单击"反向"按钮，两个零件的位置关系如图 10-16 所示。

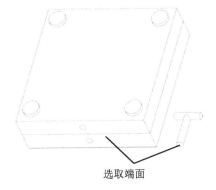

图 10-15 选取端面　　　　　　　　　图 10-16 两零件的位置关系

（24）在"放置"对话框中单击"新建约束"按钮，luogan.prt 的中心轴与 mianban.prt 两端圆孔的中心轴重合，如图 10-17 所示。

（25）在"放置"对话框中单击"新建约束"按钮，选取 luogan.prt 的端面与 mianban.prt 的上表面，如图 10-18 所示，"约束类型"选"角度偏移"，"偏移"为 50°。

（26）单击"确定"按钮，装配第四个零件，如图 10-18 下方的 luogan.prt 所示。

（27）在模型树中选取 Luogan.prt，再选取"镜像"按钮，在工作区中选取 FRONT 基准平面，单击"确定"按钮，镜像第四个零件，如图 10-18 上方的 luogan.prt 所示。

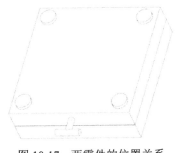
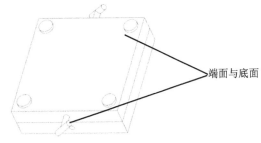

图 10-17 两零件的位置关系　　　　　图 10-18 装配第 4 个零件

2. 修改装配零件

（1）在模型树中选取 diban.prt，在快捷菜单中单击"激活"按钮。

（2）再在模型树中选取 diban.prt，在快捷菜单中单击"打开"按钮，打开 diban.prt 零件。

（3）单击"拉伸"按钮，在"拉伸"操控板上选取"放置"按钮 放置 ，在"草绘"滑板上选取"定义"按钮 定义... ，选取零件的上表面为绘图面，绘制一个截面，如图 10-19 所示。

(4) 单击"确定"按钮☑，在操控板中选"盲孔"按钮🔲，深度为 15mm，按下"移除材料"按钮，按下"反向"按钮，使箭头朝下。

(5) 单击"确定"按钮☑，创建切除特征，如图 10-20 所示。

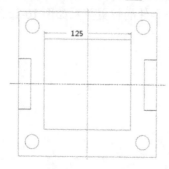

图 10-19　绘制截面

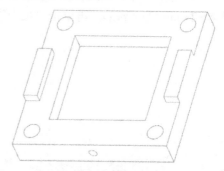

图 10-20　创建切除特征

(6) 在工作区的最上方选取"窗口"按钮，选取 zhuangpei.asm。

(7) 选 元件▼，再选"元件操作"命令，在"菜单管理器"中选"布尔运算"命令，在"布尔运算"对话框中"布尔运算"选"剪切"，选 mianban.prt 为被修改模型，diban.prt 修改元件，如图 10-21 所示。

(8) 在模型树中选取 mianban.prt，在快捷菜单中单击"打开"按钮，打开 mianban.prt 零件，可看出 mianban.prt 上有两个小缺口，如图 10-22 所示。

图 10-21　"布尔运算"对话框

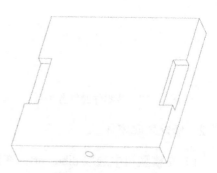

图 10-22　mianban.prt

(9) 在工作区的最上方选取"窗口"按钮，选取 zhuangpei.asm。

(10) 选 元件▼，再选"元件操作"命令，在"菜单管理器"中选"布尔运算"

命令，在"布尔运算"对话框中"布尔运算"选"合并"，选 mianban.prt 为被修改模型，在"修改元件"框中单击 单击此处添加项 字符，再按住 Ctrl 键，在工作区中选取 4 个 xiaoding.prt。

（11）在模型树中选取 mianban.prt，在快捷菜单中单击"打开"按钮，打开 mianban.prt 零件，可看出 4 个 xiaoding.prt 与 mianban.prt 结合在一起，如图 10-23 所示。

注意：xiaoding.prt 与 mianban.prt 结合在一起以后，模型树中的 xiaoding.prg 依然存在。

（12）在工作区的最上方选取"窗口"按钮，选取 zhuangpei.asm。

（13）在模型树中选取 mianban.prt，在快捷菜单中单击"激活"按钮。

（14）单击"拉伸"按钮，在"拉伸"操控板上选取"放置"按钮 放置 ，在"草绘"滑板上选取"定义"按钮 定义... ，把鼠标放在零件的上表面，单击鼠标右键，选"从列表中拾取"命令，如图 10-24 所示。

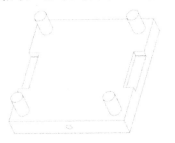
图 10-23　xiaoding.prt 与 mianban.prt 结合在一起

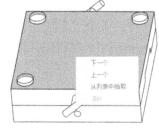
图 10-24　选"从列表中拾取"命令

（15）在列表框中选取 mianban 与 diban 结合处的平面为草绘平面，如图 10-25 阴影平面所示。

（16）单击"草绘"按钮 草绘 ，进入草绘模式。

（17）单击"投影"按钮，按住 Ctrl 键，选取 diban 中间方框的 4 条边线。

（18）单击"确定"按钮，在操控板中选"盲孔"按钮，深度为 15mm，按下"移除材料"按钮，按下"反向"按钮，使箭头朝上，单击"确定"按钮。

（19）在模型树中选取 mianban.prt，在快捷菜单中单击"打开"按钮，打开 mianban.prt 零件，可看出在 mianban.prt 中间创建切除特征，如图 10-26 所示。

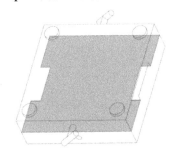
图 10-25　选阴影平面为草绘平面

图 10-26　创建切除特征

（20）在工作区的最上方选取"窗口"按钮，选取 zhuangpei.asm。

（21）在模型树中选取 mianban.prt，在快捷菜单中单击"激活"按钮。

（22）单击"边倒角"按钮，在"边倒角"操控板中倒角类型选"D×D"，D 为 10mm，创建倒角特征，如图 10-27 所示。

（23）同样的方法，创建 diban.prt 的倒角特征，如图 10-27 所示。

3. 分解组件

（1）单击"分解视图"按钮，系统按默认方式对组装图进行分解，如图 10-28 所示。

（2）单击"编辑位置"按钮，在"编辑位置"操控板中按下"平移"按钮。

（3）单击"参考"选项 参考 ，选取 mianban.prt 为"要移动的元件"，再在"移动参考"文本框中单击 单击此处添加项 字符，选取 mianban.prt 的表面。

（4）单击"选项"按钮 选项 ，"运动增量"设为 100mm（指移动时，每步移动 100mm。若"运动增量"设为 0，则可以连续移动零件）。

（5）选中坐标系的一个箭头，即可移动零件。

（6）单击"分解视图"按钮，使其处于弹起状态，则分解的零件图将会还原。

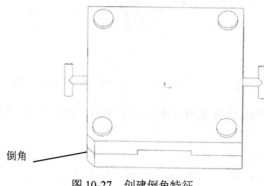

图 10-27　创建倒角特征

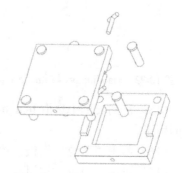

图 10-28　按默认方式进行分解

第 11 章　工程图设计

本章以第 10 章的装配图为例,详细地介绍创建 Creo 工程图图框、创建视图模板、创建视图、编辑视图、尺寸标注、注释的方法,以及装配明细表的创建过程等。

1. 创建工程图图框

(1)单击"新建"按钮,在"新建"对话框中选取"◉ ▭格式",文件名为 frm001。

(2)单击"确定"按钮 确定 ,在"新格式"对话框选取"◉空","方向"选项中选取"横向",纸张大小选取"A3",如图 11-1 所示。

(3)单击"确定"按钮 确定(O) ,进入工程图图框界面。

(4)在横向菜单中选取"草绘"选项卡,再单击"偏移边"按钮,在"菜单管理器"中选取"链图元",如图 11-2 所示。

图 11-1　"新格式"对话框

图 11-2　选"链图元"

(5)按住 Ctrl 键,用鼠标选取图框的四条边,单击"确定"按钮 确定 或单击鼠标中键(或 Enter 键),在文本框中输入偏移距离 3mm,如图 11-3 所示。

图 11-3　输入偏移距离 3mm

(6) 单击"确认"按钮☑或鼠标中键（Enter 键），图框往外偏移复制 3mm，如图 11-4 所示。

图 11-4　创建图框

2. 创建工程图标题栏

(1) 在横向菜单栏中选取"表"选项卡，再单击"表"按钮 ▦ ，选"插入表"命令。

(2) 在"插入表"对话框中选取"向左且向上"按钮 ⬉ ，列数为 2，行数为 3，行高为 5mm，列宽为 55mm，如图 11-5 所示。

(3) 单击"确定"按钮☑，在"选择点"对话框上按下 ⊶ 按钮，如图 11-6 所示。

图 11-5　"插入表"对话框

图 11-6　"选择点"对话框

(4) 选取方框右下角的顶点，创建第一个表格（2 列 3 行），如图 11-7 所示。

第 11 章 工程图设计

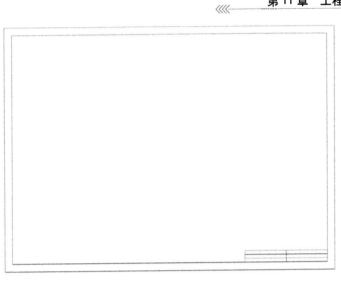

图 11-7 创建表格（一）

（5）按住 Ctrl 键，先选取表格左下方的单元格，再选取右下方的单元格，然后单击"合并单元格"按钮 合并单元格，最下方的单元格合并成一个单元格，如图 11-8 所示。

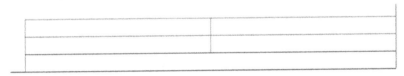

图 11-8 合并单元格

（6）选中最下方合并后的单元格，长按鼠标右键，在下拉菜单中选"高度和宽度"命令，在"高度和宽度"对话框中取消"自动高度调节"复选框前面的"√"，高度设为 15mm，如图 11-9 所示。

（7）单击"确定"按钮 确定 ，所选中的单元格高度调整为 15mm，如图 11-10 所示。

图 11-9 "高度和宽度"对话框　　　　图 11-10 调整单元格高度

（8）在横向菜单栏中选取"表"选项卡，再单击"表"按钮，选"插入表"命令。

（9）在"插入表"对话框中选取"向左且向上"按钮，列数为4，行数为5，行高为5mm，列宽为10mm。

（10）单击"确定"按钮，在"选择点"对话框上按下按钮，如图11-6所示。

（11）选取方框右下角的顶点，创建第二个表格(4列5行)，列宽为10 mm，行高为5 mm，表格（一）和表格（二）重叠，如图11-11所示。

（12）在模型树中选取 表2，再在快捷菜单中单击 移动特殊 按钮，在工作区中空白处单击鼠标中键，在"移动特殊"对话框中选中"相对偏移"按钮，X的偏移量为0，Y的偏移量为25mm，如图11-12所示。

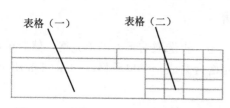

图11-11 表格（一）与表格（二）重叠

图11-12 "移动特殊"对话框

（13）单击"确定"按钮 确定 ，表格（二）移动后的位置如图11-13所示。

（14）把鼠标放在第二个表格左上角的单元格中，长按鼠标右键，在下拉菜单中选"从列表中拾取"命令，如图11-14所示。

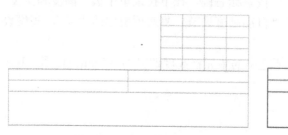

图11-13 移动表格二

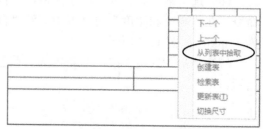

图11-14 选"从列表中拾取"命令

（15）在"从列表中拾取"对话框中选"列：表"，如图11-15所示。

（16）再次把鼠标放在第二个表格左上角的单元格中，长按鼠标右键，在下拉菜单中选"宽度"命令，如图11-16所示。

（17）在"高度和宽度"对话框中输入列的宽度为8mm，如图11-17所示。

（18）采用同样的方法，调整表格（二）的列宽与行高，从左至右，列宽分别为8 mm、9.5 mm、31 mm、10 mm；从上至下，行高分别为9.5 mm、5 mm、5 mm、5 mm、5 mm，如图11-18所示。

第11章 工程图设计

图 11-15 选"列：表"

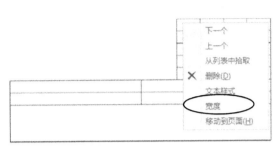

图 11-16 选"宽度"

图 11-17 输入列宽

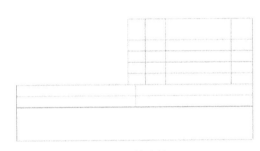

图 11-18 调整表格（二）

（19）采用同样的方法，创建表格（三）（6 列 4 行），列宽为 10，行高为 5，表格（三）与表格（一）重叠，如图 11-19 所示。

（20）在模型树中选取 表3，再在快捷菜单中单击 移动特殊 按钮，在工作区中空白处单击鼠标中键，在"移动特殊"对话框中选中"相对偏移"按钮，X 的偏移量为 -58.5mm，Y 的偏移量为 25mm，如图 11-20 所示。

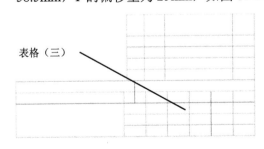

图 11-19 创建表格（三）

图 11-20 "移动特殊"对话框

（21）单击"确定"按钮 确定 ，表格（三）移动后的位置如图 11-21 所示。

（22）表格（三）的列宽从左至右分别为 6、6、6、6、13.75、13.75，行高从上至下分别为 12.5、5、6、6，如图 11-21 所示。

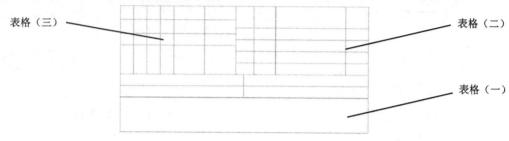

图 11-21　表格（三）

（23）采用同样办法，创建表格（四）（共 3 列 6 行，从左至右列宽为 15、25、25，从上至下行高为 19.5、7、7、7、7、7）。

（24）在模型树中选取 表 4 ，再在快捷菜单中单击 移动特殊 按钮，在工作区中空白处单击鼠标中键，在"移动特殊"对话框中选中"相对偏移"按钮，X 的偏移量为 -110 mm，Y 的偏移量为 0，表格 4 移动后如图 11-22 所示。

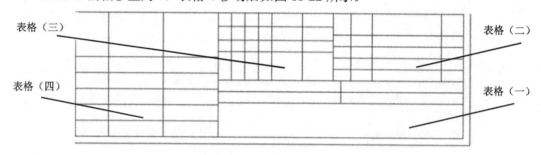

图 11-22　绘制表格（四）

（25）按住 Ctrl 键，选取单元格 1 和单元格 2，如图 11-23 所示。

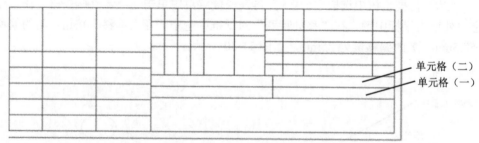

图 11-23　选取单元格（一）和单元格（二）

（26）在快捷菜单栏选取"合并单元格"按钮，系统合并所选单元格之间的区域，如图 11-24 所示。

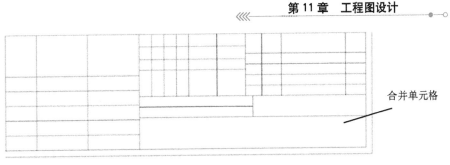

图 11-24　合并单元格

（27）采用同样的方法，合并其他单元格，如图 11-25 所示。

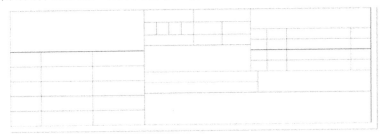

图 11-25　合并其他单元格

3．在表格中添加文本

（1）更改默认文本的高度：在菜单栏中选取"文件 | 准备（R）| 绘图属性"命令，在"格式属性"对话框中单击"更改"按钮，将"text_height"的值设为 8，如图 11-26 所示。

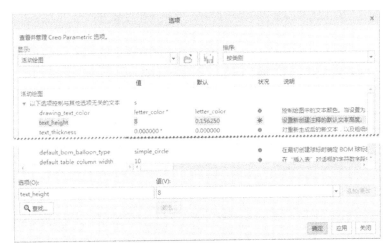

图 11-26　更改文本高度

（2）双击右下方的单元格，输入"长江机械制造有限公司"，如图 11-27 所示。

注意：有些同学因为上一步没有设置成功，导致创建后的文体字体太小而看不到，需放大后才能看到文本。

图 11-27　在文本框中输入文字

（3）先用左键选取右下方的单元格，出现 8 个空白小方点后，再将鼠标放在"长江机械制造有限公司"上面，长按鼠标右键，在下拉菜单中选"文本样式"命令。

（4）在"文本样式"对话框中将"高度"设为 8mm，对"水平"选择"中间"，对"竖直"选择"中间"，如图 11-28 所示。

图 11-28　设置"文本样式"对话框参数

（5）文本的对齐方式如图 11-29 所示。

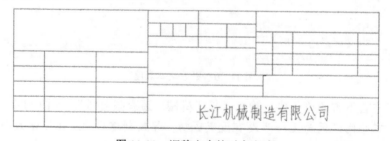

图 11-29　调整文本的对齐方式

（6）采用相同的方法，在图框中输入其他文本，如图 11-30 所示。

图 11-30　在图框中输入文本

4. 添加注释文本

（1）在横向菜单中选取"注释 | 注解"命令，如图 11-31 所示。

图 11-31　选"注释 | 注解"命令

（2）选取图框中的适当位置即可在文本框中输入文本，如图 11-32 中的"技术要求"所示。

图 11-32　输入文本

（3）选中刚才创建的文本，长按鼠标右键，在弹出的对话框中选"chfntf"字体，字高为 6.0mm，如图 11-33 所示。

图 11-33　选"chfntf"字体，字高为 6.0mm

（4）选取菜单栏"文件 | 保存"命令或单击 按钮，保存文档。

5. 创建工程图模板

（1）单击"新建"按钮 ，在"新建"对话框中选取"◉ 绘图"，名称为"Drw01"，选中" 使用缺省模板"复选框，如图 11-34 所示。

（2）单击"确定"，在"新建绘图"对话框中"指定模板"选取"◉格式为空"单选框，在"格式"选项中选取刚才创建的图框"frm0001.frm"，如图 11-35 所示。

图 11-34 "新建"对话框

图 11-35 "新建绘图"对话框

（3）单击"确定"按钮 确定(O) ，进入工程图界面。
（4）选取"工具 | 模板"命令 ，如图 11-36 所示。

图 11-36 选"模板"

（5）选"布局 | 模板视图"按钮 ，如图 11-37 所示。

图 11-37 选"模板视图"

（6）在"模板视图指令"对话框中，输入视图名称为"FRONT"，在"类型"下拉列表框中选择"常规"，"方向"为"FRONT"，如图 11-38 所示。
（7）单击"放置视图"按钮 放置视图... ，再在图框中选取任意位置，创建第一个视图，如图 11-39 所示。
（8）选"模板视图"按钮 ，在"模板视图指令"对话框中输入视图名称"左视图"，"类型"选取"投影"，"投影父项名称"选取"FRONT"，如图 11-40 所示。

图 11-38 "视图指令模板"对话框

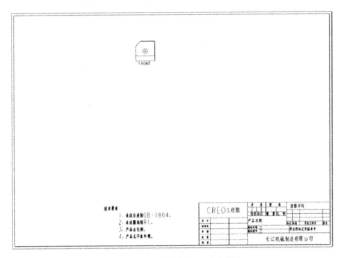

图 11-39 绘制第一个视图

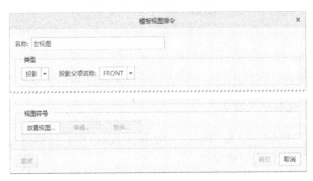

图 11-40 "视图指令模板"对话框

（9）单击"放置视图"按钮 放置视图... ，在图框中 FRONT 视图的右侧选取任意位置，再单击"确定"按钮 确定 ，创建左视图，如图 11-41 所示。

（10）在工作区中双击左视图，在"模板视图指令"对话框中单击"移动视图"按钮 移动符号 ，可以拖动左视图到适当位置。

（11）按上述方法，创建俯视图，如图 11-41 所示。

（12）创建剖面视图：选取"模板视图"按钮 ，在"模板视图指令"对话框中输入视图名称为"剖面 A"，"类型"选取"投影"，"投影父项名称"选取"FRONT"，在"横截面"文本框中输入"A"，"箭头放置视图"选取"俯视图"，钩选"显示 3D 剖面线"复选框，单击"放置视图"按钮 放置视图... ，在 FRONT 视图的左侧选取任意位置，单击"视图指令模板"对话框的"确定"按钮 确定 ，创建剖面视图，如图 11-41 所示。

（13）创建 3D 视图：选取"模板视图"按钮 ，在"模板视图指令"对话框中输入视图名称为"3D"，"类型"选取"普通"，在"方向"本文框中输入"3D"，单击"放置视图"按钮 放置视图... ，在图框中选取适当位置，单击"视图指令模板"对话框的"确定"按钮 确定 ，创建 3D 视图，如图 11-41 所示。

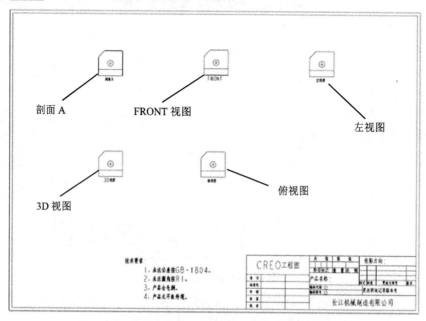

图 11-41　创建左视图、俯视图、剖面视图和 3D 视图

（14）单击 按钮，保存文档，作为以后创建工程图的模板。

6. 按自定义模板创建工程图

（1）单击"新建"按钮 ，在"新建"对话框中选取"◉ 绘图"，名称为"drw02"，取消"使用缺省模板"复选框前面的 。

（2）单击"确定"，在"新建绘图"对话框中"默认模型"选取第四章的"zhichengzhu"，

"指定模板"选取"⦿使用模板"选项,在"模板"选项中单击"浏览"按钮 [浏览...],选取工程图模板"drw01.drw",如图 11-42 所示。

(3)单击"确定"按钮 [确定(O)],系统自动创建工程图,其中剖视图与 3D 视图没有创建成功,如图 11-43 所示。

(4)不存盘退出 Creo。

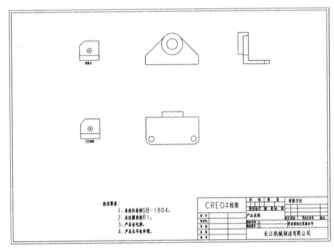

图 11-42 "新建绘图"对话框　　　　图 11-43 创建工程图

(5)重新启动 Creo 4.0,单击"打开"按钮,打开第 4 章的"zhichengzhu.prt"。

(6)在快捷菜单中单击"标准方向"按钮(或同时按住组合 Ctrl+D),切换视图方向。

(7)在快捷菜单中单击"已保存方向"按钮,再选"重定向"命令,如图 11-44 所示。

(8)在"视图"对话框中输入"视图名称"为"3D",如图 11-45 所示,单击"确定"按钮。

图 11-44 选"重定向"命令　　　　图 11-45 "视图名称"为"3D"

（9）在快捷菜单中单击"截面"下方的下三角形按钮▼，再选"平面"命令，如图 11-46 所示。

（10）在模型树中选取"RIGHT"基准面，在操控板中单击"预览而不修剪"按钮，选取"属性"按钮，在"名称"文本框中输入"A"，如图 11-47 所示。

图 11-46 选"平面"命令　　　　图 11-47 截面操控板

（11）单击按钮，保存文档。

（12）单击"新建"按钮，在"新建"对话框中选取"绘图"，名称为"drw02"，取消"使用缺省模板"复选框前面的。

（13）单击"确定"，在"新建绘图"对话框中"默认模型"选取第4章的"zhichengzhu"，"指定模板"选取"使用模板"选项，在"模板"选项中单击"浏览"按钮，选取工程图模板"drw01.drw"，如图 11-42 所示。

（14）单击"确定"按钮，按模板创建工程图，其中剖视图与3D视图创建成功，如图 11-48 所示。

（15）加上适当的尺寸，即可得到工程图（尺寸标注的方法将在后面详细讲解）。

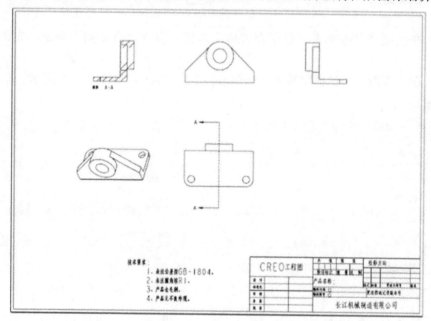

图 11-48 按模板创建工程图

第 11 章 工程图设计

7. 按缺省模板创建工程图

（1）单击"新建"按钮，在"新建"对话框中选取"⊙ 绘图"，名称为"drw03"，取消"使用缺省模板"复选框前面的✓。

（2）单击"确定"，在"新建绘图"对话框中"默认模型"选取第 10 章的"zhuangpei.asm"，"指定模板"中选取"格式为空"，"格式"选项中选取 11 章第一节创建的模板图框"FRM0001.frm"，如图 11-49 所示，单击"确定"按钮 确定(O)，进入工程图界面。

图 11-49　"新建绘图"对话框

8. 更改工程图视角

单击"文件｜准备｜绘图属性"命令，在"绘图属性"对话框"详细信息选项"栏中单击"更改"按钮，将 projection_type 更改为 first_angle，如图 11-50 所示。

注意：我国通常用第一视角绘图，英、美等国家通常用第三视角绘图。

图 11-50　将 projection_type 更改为 first_angle

9. 创建主视图

在快捷菜单栏单击"普通视图"按钮,选"无组合状态",再单击"确定"。在图框中选取任意位置,在"绘图视图"对话框中"模型视图名"选项栏上选取"TOP",如图 11-51 所示,单击"确定"按钮,创建 TOP 视图。

图 11-51 选 "TOP"

10. 移动视图

在模型树中选取 new_view_1,单击鼠标右键,在下拉菜单中选取"锁定视图移动"命令,使按钮呈弹起状态,移动视图至合适的位置。

11. 创建旋转视图

双击刚才创建的视图,在对话框"视图方向"选项栏的"◉角度",在"角度值"输入栏中输入 90°,点击"确定"按钮,视图旋转 90°,如图 11-52 所示。

12. 创建投影视图

在快捷菜单栏选取"投影视图"按钮 投影视图,选取主视图为父视图,在主视图的右侧和下方,分别创建左投影视图与俯视图,如图 11-52 所示。

13. 创建局部放大图

(1)在快捷菜单栏选取"局部放大图"按钮 局部放大图,在俯视图上选取线段 AB 的中点,并在 AB 中心点周围任意选取若干点,单击鼠标中键,绘制一条封闭的曲线,系统将曲线转化为圆,如图 11-53 所示,选取适当的位置,创建局部放大视图。

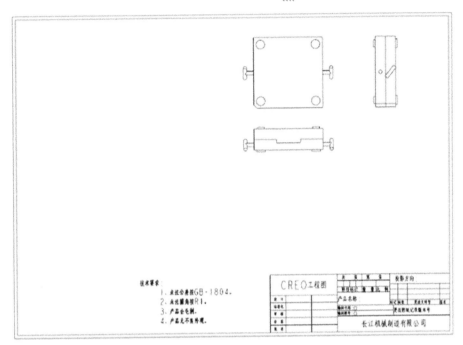

图 11-52　创建 TOP 视图

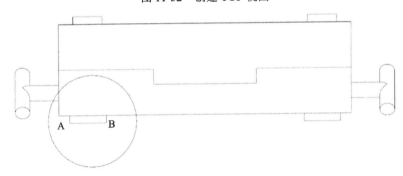

图 11-53　选取 AB 的中心及绘制一条封闭曲线

（2）双击局部放大视图，在"绘图视图"对话框中"类别"选项栏中选取"视图类型"选项，"视图名称"为 A，选取"比例"选项，"⊙自定义比例"为 2。

（3）单击"确定"按钮，创建局部放大图，局部放大图放大 2 倍。

14. 创建辅助视图

（1）在快捷菜单栏选取"辅助视图"按钮 辅助视图，在主视图上选取倒斜角的边作为辅助视图的基准边，如图 11-54 所示。

（2）在直线边的垂直方向出现一个方框，选取适当位置，创建辅助视图，如图 11-54 所示。

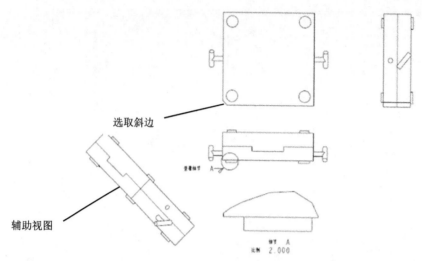

图 11-54 创建辅助视图

15. 创建插入并对齐视图

（1）单击"插入并对齐视图"按钮 复制并对齐视图，系统在工作区的左下方提示"选取一个要与之对齐的部分视图"。

（2）选取在前面创建的局部放大图，系统在工作区的左下方提示"选取绘制视图的中心点"。

（3）在图框中选取任意点，系统按局部放大图的比例显示俯视图。

（4）在放大的俯视图中左上角凸出部分的横线 AB 上选取中心点，如图 11-55 所示。

（5）在中心点周围任意选取若干点，按鼠标中键确认，系统重新创建一个局部放大图，放大的比例与原视图相同。

（6）在放大的俯视图中选取直线 CD 边作为对齐边，如图 11-55 所示。

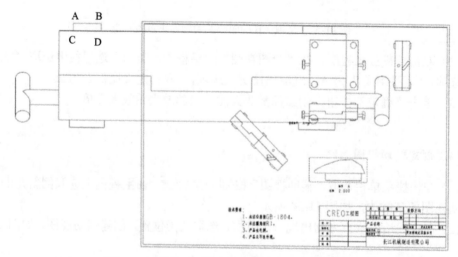

图 11-55 选取 AB 的中心为局部放大图的中心点

（7）创建一个新的局部放大图，如图 11-56 所示，新的局部放大图与原视图存在父子关系。

（8）在模型树中选取 A 视图，单击鼠标右键，在下拉菜单中选取"锁定视图移动"命令按钮 锁定视图移动，使 按钮呈弹起状态。

（9）在图框中移动局部放大视图 A，图 11-56 中新创建的视图与视图 A 同步移动。

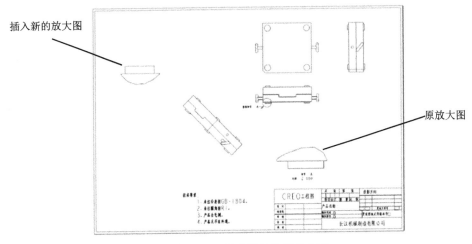

图 11-56　创建新的局部放大图

16. 创建半视图

拭去全视图的一部分，只显示整个视图的一部分。

（1）把鼠标放在左视图上，长按鼠标右键，在下拉菜单中选取"从列表中拾取"命令，在"从列表中拾取"对话框中选取"视图：左侧 2"。

（2）把鼠标放在左视图上，长按鼠标右键，在下拉菜单中选取"属性"命令，在"绘图视图"对话框中"类别"选"可见区域"，"视图可见性"选"半视图"，"半视图参考平面"选 RIGHT 平面（在工作区中选取 RIGHT），"对称线标准"选"对称线"，如图 11-57 所示。

（3）单击"确定"按钮 确定 ，创建半视图，如图 11-58 所示。

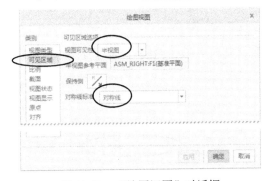

图 11-57　"绘图视图"对话框　　　　　图 11-58　创建半视图

17. 创建局部视图

显示草绘区域内的视图，并拭去草绘区域外的部分。

（1）双击辅助视图，在"绘图视图"对话框中对"类别"选"可见区域"，对"视图可见性"选"局部视图"，在辅助视图中选取 C 点，如图 11-59 所示。

（2）在 C 点周围任意选取若干点，按鼠标中键或单击"确定"按钮 确定 ，创建局部视图，如图 11-60 所示。

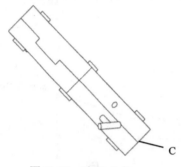

图 11-59　选取 C 点　　　　　　　　图 11-60　创建局部视图

18. 破断视图

拭去两选定点之间的视图，并将剩余的视图合拢在一定距离内。

（1）重新创建一个俯视图，并双击刚才创建的俯视图，在"绘图视图"对话框中"类别"选"可见区域"，"视图可见性"选"破断视图"。

（2）在"绘图视图"对话框中单击"添加断点"按钮 ✚ ，在俯视图上先选取任意点，再鼠标往下绘制第一条竖直破断线，在"绘图视图"对话框中单击"第二破断线"的 单击此处添加项 ，并绘制第二条竖直破断线，如图 11-61 所示。

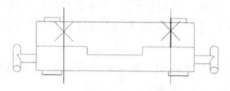

图 11-61　绘制二条破断线

（3）在"破断线样式"列表框中选取"几何上的 S 曲线"，如图 11-62 所示。

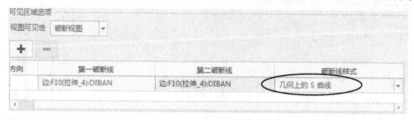

图 11-62　定义破断线样式

（4）单击"绘图视图"对话框的"确定"，生成的"S"形破断视图如图 11-63 所示。

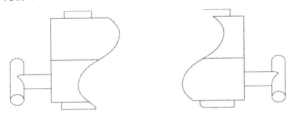

图 11-63　创建破断视图

注意：为了方便接下来的教学，请删除破断视图，恢复成创建破断视图前的情形。

19．创建单一 2D 剖面视图：沿直线创建的剖面视图

（1）重新创建一个左视图，并双击刚才创建的左视图，在"绘图视图"对话框中"类别"选取"截面"，在"截面选项"栏中选取"⊙2D 横截面"，如图 11-64 所示。

（2）单击 ![+]，在"横截面创建"菜单管理器上选取"平面｜单一｜完成"命令，如图 11-65 所示。

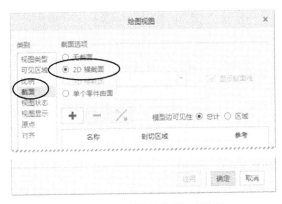

图 11-64　"绘图视图"对话框

图 11-65　菜单管理器

（3）在消息输入框中输入截面名称：A，如图 11-66 所示。

图 11-66　输入截面名称 A

（4）单击"确定"按钮 ✓ 或 Enter 键或鼠标中键，系统弹出"设置平面"菜单管理器。

（5）在横向菜单中单击"视图"选项卡，按下"平面显示"按钮 ![图]，在工作区中显示基准平面，并在主视图上选取 FRONT 基准面为参考基准面，如图 11-67 所示。

（6）单击"确定"，创建的 2D 剖面如图 11-68 所示。

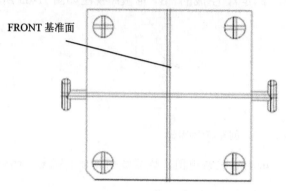
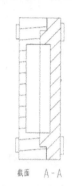

图 11-67　选取 FRONT 为参考基准面　　　　图 11-68　创建 2D 剖面

20. 创建偏距 2D 剖面视图：沿折线创建的剖面视图

（1）按照图 11-51 的方式，在图框中增加一个视图，如图 11-69 所示。

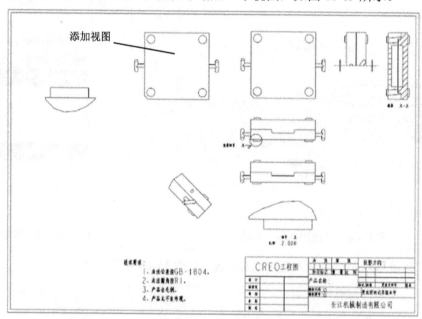

图 11-69　添加右视图

（2）双击按步骤（1）创建的视图，在"绘图视图"对话框中"类别"选取"截面"，在"截面选项"栏中选取"◉2D 横截面"，如图 11-64 所示。

（3）单击 ➕，选取"新建…"选项，如图 11-70 所示。

（4）在"横截面创建"菜单管理器上选取"偏移｜双侧｜单一｜完成"命令，如图 11-71 所示。

（5）在消息输入框中输入截面名称：B。

（6）单击"确定"按钮☑或 Enter 键或鼠标中键，在"设置草绘平面"菜单管理器上选取"新设置 | 平面"命令，如图 11-72 所示。

图 11-70 选"新建…"

图 11-71 "横截面创建"管理器

（7）在主窗口中选取"视图"选项卡，再按下"平面显示"按钮，显示基准平面。
（8）在活动窗口上选取 RIGHT 为绘图平面，如图 11-73 所示。

图 11-72 "设置平绘平面"管理器

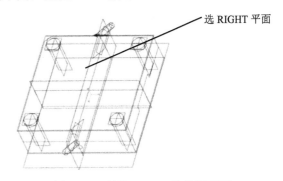

图 11-73 选取 RIGHT 为绘图平面

（9）在"设置草绘平面"菜单管理器上选取"确认"，再选"默认"，系统弹出一个活动窗口。
（10）在活动窗口中依次选取"视图 | 方向 | 草绘方向"命令，切换视角。
（11）在主窗口中选取"视图"选项卡，再单击"平面显示"按钮，使其画面显示弹起状态，隐藏基准平面，目的是保持桌面整洁。
（12）在活动窗口中选取"草绘 | 线 | 线"命令，绘制剖面位置线，如图 11-74 所示。
（13）在活动窗口中选取"草绘 | 完成"，在"绘图视图"对话框中选取"应用"按钮，创建偏距 2D 剖面视图，如图 11-75 所示。

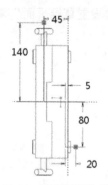 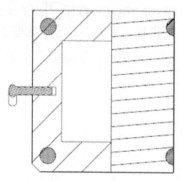

图 11-74 绘制剖面位置线　　　　　图 11-75 创建偏距 2D 剖面

21. 创建截面视图箭头

（1）双击截面 A—A，在"绘图视图"的"类别"列表框中选取"截面"，选择"◉ 2D 横截面"，再选择"◉ 总计"，单击"箭头显示"栏的空白处，如图 11-76 所示。

（2）单击父视图（在此是主视图），单击"绘图视图"对话框的"确定"，系统即在父视图中显示剖面位置箭头，如图 11-77 所示（按住箭头或字符"A"，可调整位置）。

 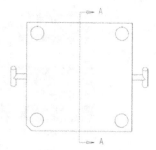

图 11-76 单击"箭头显标"栏空白处　　　图 11-77 显示剖面位置箭头

22. 区域截面视图

（1）在"绘图视图"的"模型边可见性"选项中选择"◉ 2D 横截面"，选取"◉ 区域"选项，如图 11-78 所示。

（2）单击"应用"，剖截面只显示截面部分的线条，如图 11-79 所示。

23. 创建半剖视图

（1）双击剖截面 A—A，在"绘图视图"中的"类别"列表框选取"截面"，选择"◉ 2D 横截面"，"模型边可见性"选择"◉ 总计"，"剖切区域"选取"半倍"，如图 11-80 所示。

第 11 章 工程图设计

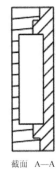

图 11-78　选取"◉区域"选项　　　图 11-79　只显示截面部分

（2）在快捷菜单中按下"平面显示"按钮，显示所有基准平面。

（3）把鼠标放在主视图的 RIGHT 基准平面上，如图 11-81 所示，长按鼠标右键，在下拉列表中选取"从列表中拾取"命令。

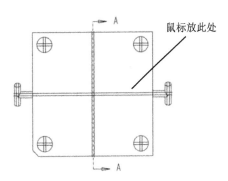

图 11-80　选取"半倍"视图　　　图 11-81　鼠标放在 RIGHT 附近

（4）在列表框中选取 ASM_RIGHT：F1(基准平面)，如图 11-82 所示，选取 A—A 剖视图的上半部分。

（5）单击"绘图视图"的"确定"，创建的半倍剖视图，如图 11-83 所示。

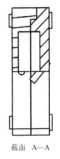

图 11-82　选取 ASM_RIGHT：F1　　　图 11-83　半剖视图

24. 创建局部剖视图

（1）双击俯视图，在"绘图视图"中的"类别"列表框选取"截面"，选择"◉ 2D 横截面"，"模型边可见性"选择"◉ 总计"。

（2）单击 ➕，选取"新建…"选项，在"横截面创建"菜单管理器中选"平面｜单一｜完成"按钮，在文本框中输入截面名称：C。

（3）把鼠标放在主视图的 RIGHT 基准平面上，长按鼠标右键，在下拉列表中选取"从列表中拾取"命令，在列表框中选取 ASM_RIGHT：F1(基准平面)。

（4）在"剖切区域"中选取"局部"，在俯视图的右侧选取 A 点，如图 11-84 所示，并在 A 点周围选取几点。

（5）单击"绘图视图"的"确定"，创建局部剖视图，如图 11-85 所示。

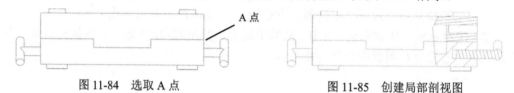

图 11-84　选取 A 点　　　　　　图 11-85　创建局部剖视图

25. 创建旋转剖视图

（1）在菜单栏上选取"旋转视图"按钮 旋转视图，选取主视图为父视图。

（2）在主视图的左边选取任意位置，系统创建一个临时剖截面视图。

（3）在"绘图视图"对话框中选择"新建…"，如图 11-86 所示。

图 11-86　选"新建"

（4）在"横截面创建"菜单管理器中选"平面｜单一｜完成"按钮。

（5）在文本框中输入截面名称：E。

（6）把鼠标放在旋转视图上，选"ASM_RIGHT:F1（基准平面）"，如图 11-87 所示。

（7）创建一个新的旋转剖截面，单击"平面显示"按钮 ，使"平面显示"按钮呈弹起状态，隐藏基准平面后如图 11-88 所示。

（8）在模型树中选中旋转剖截面视图，单击鼠标右键，选取 锁定视图移动 命令，使 呈弹起状态后，可将旋转剖截面视图拖到适当的位置。

第 11 章 工程图设计

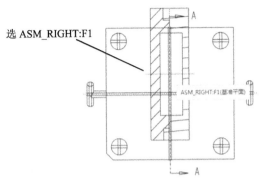
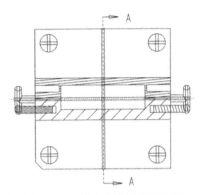

图 11-87 选"ASM_RIGHT:F1（基准平面）"　　图 11-88 创建旋转剖截面视图

26. 视图显示

（1）双击俯视图，在"绘图视图"对话框"类别"列表框中选取"视图显示"，"显示样式"选"隐藏线"，如图 11-89 所示。

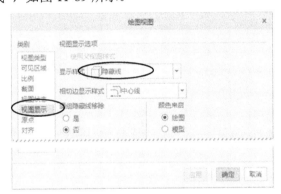

图 11-89 选"隐藏线"

（2）单击"确定"按钮，在俯视图中显示隐藏线，如图 11-90 所示。

图 11-90 显示隐藏线

27. 修改剖面线

（1）双击左视图半剖视图的剖面线，在"修改剖面线"菜单管理器中选取"检索"，选取 ，单击"打开"按钮。

（2）在"剖面线图案"对话框中选择"Plastic"，如图 11-91 所示。

(3) 单击"确定"按钮 确定 ，剖面线更改后的形状如图 11-92 所示。

(4) 在"修改剖面线"菜单管理器中选取"比例"，再选择"半倍"，剖面线显示比例为原来的一半，如图 11-93 右边的剖面线所示。

(5) 在"修改剖面线"菜单管理器中选取"下一个"命令，选中左视图左半部分的剖面线（此时左半部分的剖面线被红色包围）。

(6) 在"修改剖面线"菜单管理器中选取"检索"，选取 custom_patterns.pat，单击"打开"命令。

(7) 在"剖面线图案"对话框中选择"Iron"。

(8) 单击"确定"按钮 确定 ，剖面线更改后的形状如图 11-93 左边的剖面线所示。

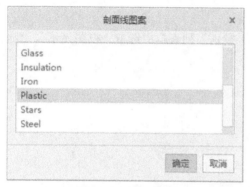 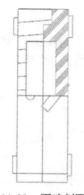 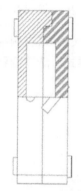

图 11-91 选 Plastic　　　图 11-92 更改剖面线　　　图 11-93 更改剖面线

28. 创建中心线

(1) 打开 zhuangpei.asm.prt。

(2) 单击"基准轴"按钮 ，长按 Ctrl 键，选取 RIGHT 与 TOP 基准平面。

(3) 单击"确定"按钮 确定 ，通过 RIGHT 与 TOP 基准平面的交线创建一条基准轴。

(4) 采用相同的方法，通过 FRONG 与 TOP 基准平面的交线创建基准轴，如图 11-94 所示。

(5) 在屏幕上方单击"窗口"按钮 ，选择"DRW03.drw"，打开工程图。

(6) 在横向菜单中选取"注释"选项卡，再单击"显示模型注释"按钮 。

(7) 在"显示模型注释"对话框中选取"显示模型基准"按钮 ，并钩选基准轴，如图 11-95 所示。

(8) 单击 确定 按钮，在工程图上创建中心线，如图 11-96 所示。

(9) 双击圆弧的"十"字形中心线，拖动中心线的控制点，可以将中心线的长度延长或缩短。

第 11 章 工程图设计

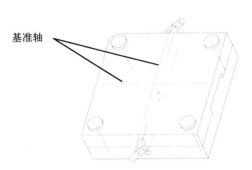

图 11-94 创建基准轴

图 11-95 "显示模型注释"对话框

29. 直线尺寸标注

（1）单击"标注尺寸"按钮，选取第一点，按住 Ctrl 键，再选第二点，在标注尺寸放置位置单击鼠标中键，即可创建标注，如图 11-97 中尺寸为 200mm 的标注所示。

（2）单击"标注尺寸"按钮，选取第一个圆周的中心线，按住 Ctrl 键，再选第二个圆周的中心线，在标注尺寸放置位置单击鼠标中键，即可创建标注，如图 11-97 中尺寸为 160mm 的标注所示。

30. 半径尺寸标注

单击"标注尺寸"按钮，选中圆弧，在标注尺寸放置位置单击鼠标中键，即可创建标注，如图 11-97 尺寸为 R13mm 的标注所示。

31. 直径尺寸标注

单击"标注尺寸"按钮，双击圆弧，在标注尺寸放置位置单击鼠标中键，即可创建标注，如图 11-97 尺寸为 $\phi 25$mm 的标注所示。

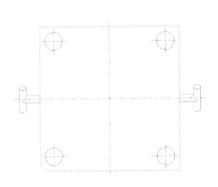

图 11-96 创建中心线

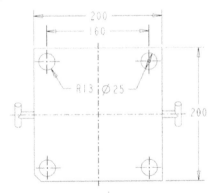

图 11-97 标注尺寸

32. 四舍五入标注尺寸

先选中"布局"或"表"或"注释"或"草绘"选项卡，再选中数字为 R13 的尺寸标注，然后取消"四省五入尺寸"复选框前的☑，R13 变为 R12.5，如图 11-98 所示。

33. 添加前缀

（1）选中大小为 ϕ25mm 的标注，在快捷菜单栏中选"尺寸文本"按钮 尺寸文本。
（2）在文本框中添加前缀符号"4×ϕ"，如图 11-99 所示。
（3）按 Enter 键，ϕ25 前面添加前缀，变为 4×ϕ25，如图 11-100 所示。

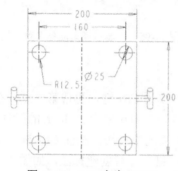

图 11-98　R13 变为 R12.5

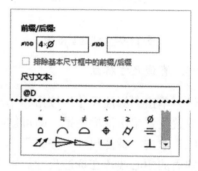

图 11-99　添加前缀符号

34. 标注纵坐标尺寸

（1）单击"纵坐标尺寸"命令，如图 11-101 所示。

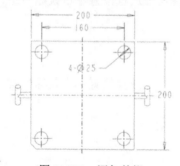

图 11-100　添加前缀

图 11-101　选"纵坐标尺寸"命令

（2）先选取直线 AB 为起点，再按住 Ctrl 键，选取直线 CD、水平中心线，
（3）单击鼠标中键，放置纵坐标，如图 11-102 所示。
（4）采用相同的方法，以 AD 为起点，竖直中心线、BC 为终点，创建纵坐标，如图 11-102 所示。

35. 带引线注释

（1）选取"注释"选项卡，再选"注解 | 引线注解"命令，如图 11-103 所示。

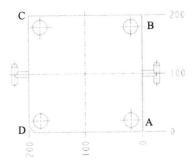
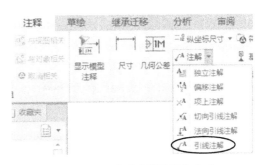

图 11-102　创建纵坐标　　　　　　图 11-103　选"引线注解"命令

（2）先选取第一个圆心，按住 Ctrl 键，再选取其他三个圆心为箭头放置位置。
（3）单击鼠标中键，选取注释文本放置位置，并输入文本，如图 11-104 所示。

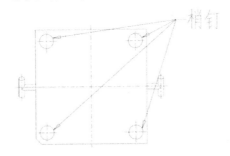

图 11-104　带引线注释

第 12 章 钣金实例设计

1. 方盒的设计

本节通过绘制一个简单的零件,重点讲述 Creo 4.0 钣金设计的基本命令,零件图如图 12-1 所示。

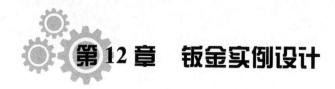

图 12-1 零件图

(1)启动 Creo 4.0,单击"新建"按钮,在【新建】对话框中"类型"选中"⊙零件","子类型"为"⊙钣金体","名称"为"fanghe",取消"使用默认模板"复选框前面的☑,单击"确定"按钮 确定 ,在"新文件选项"对话框中选"mmns_part_sheetmetal"选项。

(2)在快捷菜单中选取"平面"按钮,选取 TOP 平面为草绘平面,RIGHT 平面为参考平面,方向向右,绘制一个矩形(100mm×100mm),如图 12-2 所示。

(3)单击"确定"按钮☑,在操控板上输入厚度为 1mm。

(4)单击"确定"按钮☑,创建第一个钣金特征,如图 12-3 所示。

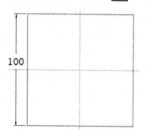

图 12-2 绘制截面

图 12-3 创建第一个钣金特征

(5) 单击"平整"按钮 ![icon]，选取零件的下边线，如图12-4所示。

(6) 生成一个向上的平整特征，平整的高度为30mm，角度为90°，如图12-5所示。

图12-4　选下边线　　　　　　　　图12-5　平整特征

(7) 在"平整"操控板中单击"偏移"选项 ![偏移]，钩选"☑相对连接边偏移壁"复选框，"类型"选"⊙添加到零件边"，如图12-6所示。

图12-6　"偏移"对话框

(8) 在"平整"操控板中选"矩形"，角度为90°，平整半径为2.0，选"标注折弯的内部曲面"按钮 ![icon]，如图12-7所示。

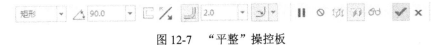

图12-7　"平整"操控板

(9) 单击"确定"按钮 ![icon]，创建平整特征。

(10) 采用相同的方法，创建另外三处平整特征，如图12-8所示。

(11) 先选取折弯特征的一条边线，再在快捷菜单中选"延伸"按钮 ![icon]，然后在"延伸"操控板上选取"将壁延伸到参考平面"按钮 ![icon]，最后选取延伸终止面，如图12-9所示。

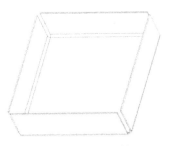 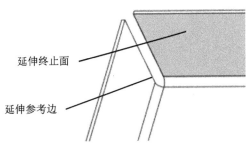

图12-8　创建平整特征　　　　　图12-9　选取延伸边与延伸终止面

(12) 单击"确定"按钮 ✓，创建延伸特征。

(13) 采用相同的方法，创建其他的延伸特征，如图 12-10 所示。

(14) 单击"拉伸"按钮 ，在"拉伸"操控板中选 放置 选项，再选 定义... 按钮。

(15) 选取 RIGHT 为草绘平面，TOP 为参考平面，方向向上，进入草绘模式。

(16) 绘制两个 φ12mm 的圆，如图 12-11 所示。

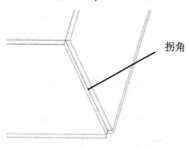

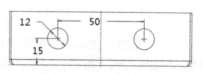

图 12-10　延伸特征　　　　　　　　　图 12-11　绘制截面

(17) 单击"确定"按钮 ✓，在"拉伸"操控板中按下"实体"按钮 、"切除"按钮 、"移除与曲面垂直的材料"按钮 ，"移除类型"选"通孔" ，如图 12-12 所示。

图 12-12　"拉伸"操控板

(18) 单击"确定"按钮 ✓，创建孔特征，如图 12-13 所示。

(19) 在模型树上选取 拉伸 1，在弹出的快捷菜单中选取"阵列"按钮 ，在"阵列"操控板中"阵列类型"选取"轴"，在工作区中选取 Y 轴，在"阵列"操控板中输入数量：4，角度：90°。

(20) 单击"确定"按钮 ✓，创建阵列特征，如图 12-14 所示。

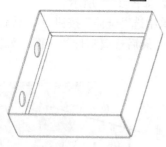

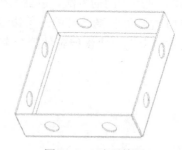

图 12-13　创建特征　　　　　　　　　图 12-14　阵列特征

(21) 单击"平整"按钮 ，选取零件的边线，如图 12-15 中的粗线所示。

(22) 在"平整"操控板中选择 形状 ，再选择"⦿ 高度尺寸不包括厚度"单选框，如图 12-16 所示。

第 12 章 钣金实例设计

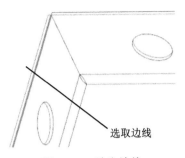

图 12-15 选取边线

图 12-16 选择 "⦿高度尺寸不包括厚度"

（23）在图 12-16 的对话框中选 草绘... 按钮，先在系统默认的草图中将高度尺寸改为 10，再单击 "尺寸" 按钮，选取截面的竖直边与水平边，标注角度尺寸，在系统弹出的 "解决草绘" 对话框中删除 "竖直" 约束，然后将角度标注尺寸 90°改为 45°，即可将系统默认的截面修改为如图 12-17 所示的截面。

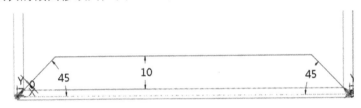

图 12-17 修改截面

（24）单击 "确定" 按钮，在 "平整" 操控板中单击 "偏移" 选项 偏移，钩选 "☑相对连接边偏移壁" 复选框，对 "类型" 选择 "添加到零件边" 选项，如图 12-6 所示。

（25）在 "平整" 操控板中 "角度" 为 90°，折弯半径为 2.0，选 "标注折弯的内部曲面" 按钮，如图 12-7 所示。

（26）单击 "确定" 按钮，创建平整特征，如图 12-18 所示。

（27）采用相同的方法，创建另外三个平整特征。

（28）单击 "展平" 按钮，选取零件中间的平面为固定面，零件自动展平，如图 12-19 所示。

图 12-18 创建平整特征

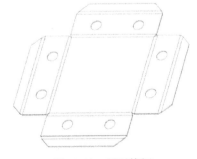

图 12-19 展平特征

2. 门栓（一）

本节通过绘制一个简单的零件，重点讲述 Creo 4.0 钣金设计中凸模命令的使用方法，产品图如图 12-20 所示。

图 12-20　产品图

（1）启动 Creo 4.0，单击"新建"按钮，在【新建】对话框中"类型"选中"⊙零件"，"子类型"为"⊙实体"，"名称"为"menshuan"，取消"使用默认模板"复选框前面的☑，单击"确定"按钮，在"新文件选项"对话框中选"mmns_part_solid"选项。

（2）单击"拉伸"按钮，选取 TOP 平面为草绘平面，RIGHT 平面为参考平面，方向向右，绘制一个截面（20mm×15mm），如图 12-21 所示。

（3）单击"确定"按钮☑，在"拉伸"操控板中"拉伸类型"选"盲孔"，深度为 5mm。

（4）单击"确定"按钮☑，创建拉伸特征，如图 12-22 所示。

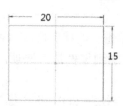

图 12-21　绘制截面

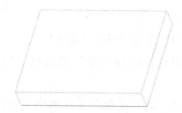

图 12-22　创建拉伸特征

（5）单击"拉伸"按钮，选取 RIGHT 平面为草绘平面，TOP 平面为参考平面，方向向上，绘制一个截面，如图 12-23 所示。

（6）单击"确定"按钮☑，在"拉伸"操控板中"拉伸类型"选"对称"，深度为 15mm。

（7）单击"确定"按钮☑，创建拉伸特征，如图 12-24 所示。

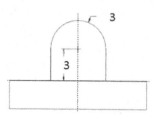

图 12-23　绘制截面

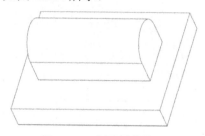

图 12-24　创建拉伸特征

第 12 章 钣金实例设计

（8）单击"边倒圆"按钮，圆角半径为 2mm，如图 12-25 所示。

（9）单击"保存"按钮，保存文档。

（10）启动 Creo 4.0，单击"新建"按钮，在【新建】对话框中"类型"选中"⊙零件"，"子类型"为"⊙钣金体"，"名称"为"menshuan_1"，取消"使用默认模板"复选框前面的✓，单击"确定"按钮，在"新文件选项"对话框中选"mmns_part_sheetmetal"选项。

（11）在快捷菜单中选取"平面"按钮，选取 TOP 平面为草绘平面，RIGHT 平面为参考平面，方向向右，绘制一个矩形（120mm×20mm），如图 12-26 所示。

图 12-25 创建圆角特征　　　　图 12-26 绘制截面

（12）单击"确定"按钮，在操控板上输入厚度：1mm。

（13）单击"确定"按钮，创建第一个钣金特征，如图 12-27 所示。

图 12-27 创建"平面"钣金特征

（14）单击按钮，再选取"凸模"按钮，在"凸模"操控板中单击"打开"按钮，选取 menshuan.prt。

（15）在"凸模"操控板中单击"放置"按钮，两个零件的 FRONT 面重合，menshuan 的台阶面与 menshuan_1 的 TOP 面重合，两个零件的右端面重合，按图 12-28 所示。

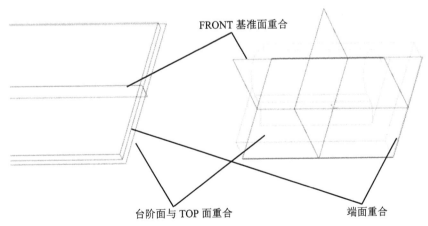

图 12-28 装配方式

（16）装配后两个零件的位置如图12-29所示。

注意：两个零件的单位必须统一，都用公制或英制，否则会出现一个零件很大而另一个零件很小的现象。

（17）在操控板中单击"选项"按钮 选项 ，在"选项"对话框"排除冲孔模型曲面"文本框中单击 单击此处添加项 ，如图12-30所示。

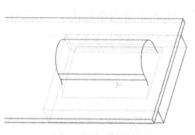

图12-29　装配图

图12-30　单击 单击此处添加项

（18）按住Ctrl键，选取两个端面，如图12-31中的阴影曲面所示。

（19）单击"确定"按钮 ，创建凸模特征，如图12-32所示。

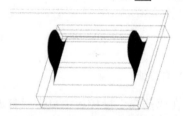

图12-31　选取阴影曲面

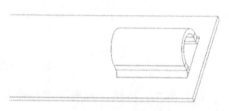

图12-32　创建凸模特征

（20）选取刚才创建的凸模特征，在弹出的快捷菜单中选取"镜像"按钮 ，再选RIGHT为镜像平面，创建镜像特征，如图12-33所示。

图12-33　创建镜像特征

（21）在模型树上选取 模板1，在弹出的快捷菜单中选取"阵列"按钮 ，在"阵列"对话框中对"阵列类型"选择"方向"，选取RIGHT为阵列方向，数量设为2，增量距离设为70mm，创建阵列特征，如图12-34所示。

图12-34　创建阵列特征

（22）单击"拉伸"按钮，以零件表面为草绘平面，绘制一个截面，如图 12-35 所示。

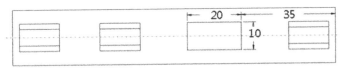

图 12-35 绘制截面

（23）在"拉伸"操控板中按下 □、╫、◢、△、∅ 5 个按钮，如图 12-36 所示。

图 12-36 "拉伸"操控板

（24）单击"确定"按钮，创建一个缺口，如图 12-37 所示。

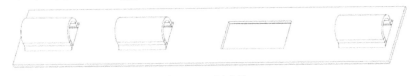

图 12-37 创建缺口

（25）单击"平整"按钮，选取缺口靠上方的一条边线，如图 12-38 所示，产生一个向下的临时折弯特征。

（26）在"平整"操控板中单击 形状 ，选择"●高度尺寸不包括厚度"单选框（见图 12-16），临时折弯特征改为向上折弯。

（27）在"平整"操控板中选"偏移"按钮 偏移 ，钩选"☑相对连接边偏移壁"复选框，"类型"选"添加到零件边"（见图 12-6）。

（28）在"平整"操控板中选取"止裂槽"按钮 止裂槽 ，对"类型"选择"矩形"，"长度"选择"盲孔"，距离设为2mm，宽度设为1mm，如图 12-39 所示。

注意：止裂槽的作用是防止钣金零件在折弯时产生变形。

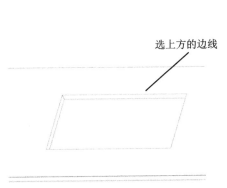

图 12-38 选取上方的边线

图 12-39 定义止裂槽

（29）更改相应的尺寸（高度为 8mm，角度为 90°，左侧偏移距离为-2mm，右侧偏移距离为-2mm），如图 12-40 所示。

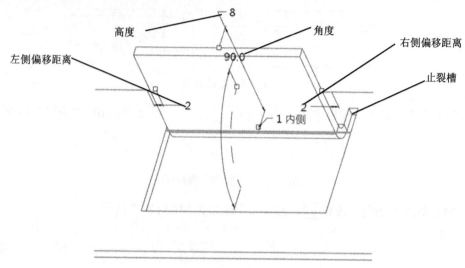

图 12-40　更改尺寸

（30）在"平整"操控板中选"在连接边上添加折弯"按钮，折弯半径为 1mm，按下"标注折弯的内部曲面"按钮，如图 12-41 所示。

图 12-41　"平整"操控板

（31）单击"确定"按钮，创建折弯特征，如图 12-42 所示。
（32）采用相同的方法，创建另一个折弯特征，如图 12-42 所示。

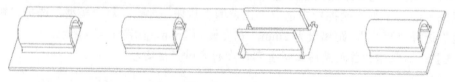

图 12-42　折弯

（33）单击"拉伸"按钮，以零件表面为草绘平面，绘制一个截面φ4mm，如图 12-43 所示。

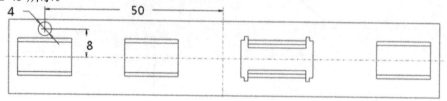

图 12-43　绘制截面

第 12 章 钣金实例设计

（34）在"拉伸"操控板中按下 、 、 、 、 五个按钮，如图 12-36 所示。

（35）单击"确定"按钮 ，创建一个孔。

（36）将该孔沿 FRONT 镜像，再沿 RIGHT 镜像后，如图 12-44 所示。

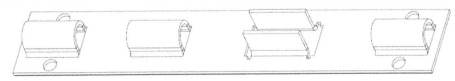

图 12-44 镜像孔特征

（37）单击 ，再单击"倒角"命令 ，按住 Ctrl 键，选取 4 个角，在"倒斜角"操控板上"斜度类型"选"D×D"，D 为 2mm，创建倒斜角特征，如图 12-20 所示。

（38）单击"保存"按钮 ，保存文档。

3．门栓（二）

本节通过绘制一个简单的零件，重点讲述 Creo 4.0 钣金设计中先创建实体，再将实体转化为钣金的方法，零件图如图 12-45 所示。

图 12-45 零件图

（1）启动 Creo 4.0，单击"新建"按钮 ，在【新建】对话框中"类型"选中" 零件"，"子类型"为" 实体"，"名称"为"menshuan_2"，取消"使用默认模板"复选框前面的 ，单击"确定"按钮 ，在"新文件选项"对话框中选"mmns_part_solid"选项。

（2）在快捷菜单中选取"拉伸"按钮 ，选取 RIGHT 平面为草绘平面，TOP 平面为参考平面，方向向上，绘制一个截面，如图 12-46 所示。

（3）单击"确定"按钮 ，在操控板中设置"拉伸距离"为 10mm，"类型"选"对称" 。

（4）创建一个拉伸特征，如图 12-47 所示。

（5）单击 选项，选"转化为钣金件零件"命令，选"壳"按钮 。

（6）按住 Ctrl 键，选取零件的 4 个侧面与底面，如图 12-48 阴影曲面所示。

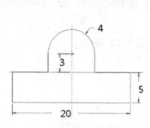  

图 12-46 绘制截面　　　　图 12-47 创建拉伸特征　　　　图 12-48 选取侧面与底面

（7）在操控板中设定抽壳厚度为 1mm。

（8）单击"确定"按钮☑，零件转化为钣金，如图 12-49 所示。

（9）单击"拉伸"按钮，以零件表面为草绘平面，绘制两个 ϕ4mm，如图 12-50 所示。

（10）在"拉伸"操控板中按下▢、▦、◪、△、✗ 5 个按钮，如图 12-36 所示。

（11）单击"确定"按钮☑，创建两个孔，如图 12-51 所示。

（12）单击"倒角"按钮，按住 Ctrl 键，选取 4 个角，在"倒斜角"操控板上"斜度类型"选"45×D"，D 为 2mm，创建倒斜角特征，如图 12-45 所示。

 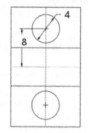 

图 12-49 转化为钣金　　　　图 12-50 绘制孔　　　　图 12-51 创建孔

（13）单击"保存"按钮，保存文档。

4. 洗菜盆

本节通过绘制一个简单的零件，重点讲述 Creo 4.0 钣金设计中结合实体与钣金的命令，设计钣金零件的方法，产品图如图 12-52 所示。

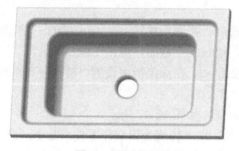

图 12-52 产品图

第 12 章　钣金实例设计

（1）启动 Creo 4.0，单击"新建"按钮，在【新建】对话框中"类型"选中"⊙□零件"，"子类型"为"⊙实体"，"名称"为"xicaipen"，取消"使用默认模板"复选框前面的☑，单击"确定"按钮 确定 ，在"新文件选项"对话框中选"mmns_part_solid"选项。

（2）在快捷菜单中选取"拉伸"按钮，选取 TOP 平面为草绘平面，RIGHT 平面为参考平面，方向向右，绘制截面（一），如图 12-53 所示。

图 12-53　绘制截面（一）

（3）单击"确定"按钮☑，在操控板中"类型"选"盲孔"选项，"拉伸距离"为 10mm，单击"反向"按钮，使箭头朝上，创建一个拉伸特征。

（4）在快捷菜单中选取"拉伸"按钮，选取 TOP 平面为草绘平面，RIGHT 平面为参考平面，方向向右，绘制截面（二），如图 12-54 所示。

图 12-54　绘制截面（二）

（5）单击"确定"按钮☑，在操控板中"类型"选"盲孔"选项，"拉伸距离"为 30mm，单击"反向"按钮，使箭头朝上，创建一个拉伸特征。

（6）在快捷菜单中选取"拉伸"按钮，选取 TOP 平面为草绘平面，RIGHT 平面为参考平面，方向向右，绘制截面（三），如图 12-55 所示。

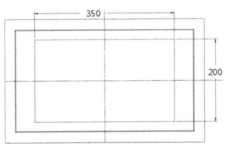

图 12-55　绘制截面（三）

（7）单击"确定"按钮✓，在操控板中"类型"选"盲孔"选项，"拉伸距离"为120mm，单击"反向"按钮，使箭头朝上，创建一个拉伸特征。

（8）在快捷菜单中选取"拉伸"按钮，选取零件下底面面为草绘平面，RIGHT平面为参考平面，方向向右，绘制截面（四），如图12-56所示。

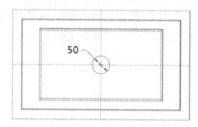

图12-56　绘制截面（四）

（9）单击"确定"按钮✓，在操控板中"类型"选"盲孔"选项，"拉伸距离"为20mm，单击"反向"按钮，使箭头朝上，创建一个拉伸特征。

（10）创建的4个拉伸特征如图12-57所示。

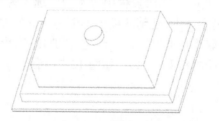

图12-57　底部朝上的视角

（11）单击"边倒圆"按钮，创建边倒圆特征，如图12-58所示。

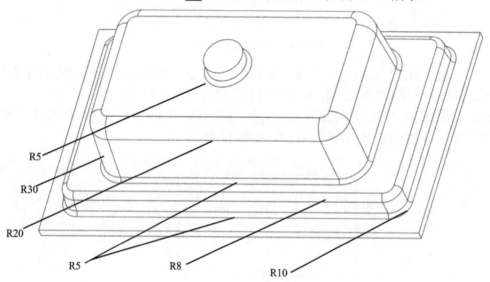

图12-58　创建边倒圆特征

(12)先单击"模型"选项卡,再单击 操作▼ ,在下拉菜单中选"转化为钣金"命令。

(13)再在操控板上单击"壳"按钮 ,输入"厚度"为1mm。

(14)按住 Ctrl 键,选取零件的下表面,4个侧面,圆柱的上表面,如图12-59中的阴影所示。

图 12-59　选取零件的上表面,4个侧面,圆柱的下表面

(15)单击"确定"按钮 ,零件转化为钣金,如图12-60所示。

图 12-60　零件转化为钣金

(16)单击"平整"按钮 ,选取边线上方的一条边线(有两条边线,这里选上边线),如图12-61所示,产生一个向下的临时折弯特征。

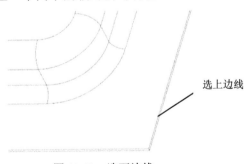

图 12-61　选下边线

(17)在"平整"操控板中单击 形状 ,选"◉高度尺寸不包括厚度"单选框(见图12-16),临时折弯特征改为向上折弯。

(18)在"平整"操控板中选"偏移"按钮 偏移 ,钩选" ☑相对连接边偏移壁"

复选框,"类型"选"添加到零件边"(见图12-6)。

(19)在工作区中设定折弯高度为10mm,在操控板中设定"折弯角度"为90°,按下"在连接边上折弯"按钮,和"标注折弯的内部曲面"按钮,折弯半径为1.0mm,如图12-62所示。

图12-62 "平整"操控板

(20)单击"确定"按钮,创建平整特征,如图12-63所示。

(21)采用相同的方法,创建其他三个平整特征,如图12-63所示。

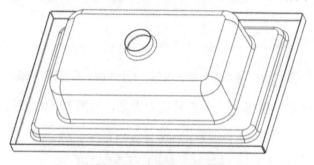

图12-63 创建折弯特征

(22)选取折弯特征的一条边线,再在快捷菜单中选"延伸"按钮,然后在"延伸"操控板上选取"将壁延伸到参考平面"按钮,再选取延伸终止面,如图12-64所示。

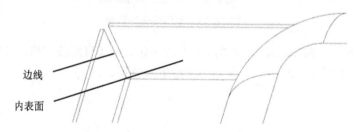

图12-64 选取边线与延伸终止面

(23)采用相同的方法,延伸其他的边线,延伸结果如图12-65所示。

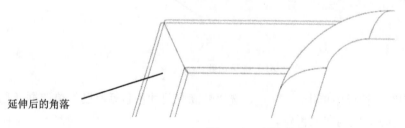

图12-65 延伸角落

（24）单击"保存"按钮■，保存文档。

5. 挂扣的设计

本节通过绘制一个简单的零件，重点讲述 Creo 4.0 钣金设计中法兰与钣金折弯的命令，产品图如图 12-66 所示。

图 12-66 产品图

（1）启动 Creo 4.0，单击"新建"按钮，在【新建】对话框中"类型"选中"◉ □ 零件"，"子类型"为"◉ 钣金件"，"名称"为"guakou"，取消"使用默认模板"复选框前面的☑，单击"确定"按钮 确定 ，在"新文件选项"对话框中选"mmns_part_sheetmetal"选项。

（2）在快捷菜单中选取"平面"按钮☑，选取 TOP 平面为草绘平面，RIGHT 平面为参考平面，方向向右，绘制截面（一），如图 12-67 所示。

图 12-67 截面（一）

（3）单击"确定"按钮☑，在"平面"操控板中输入"厚度"为 1mm，创建平面特征。

（4）在快捷菜单中选取"法兰"按钮，选取特征左侧下方的边线，如图 12-68 所示。

图 12-68 选下边线

（5）在"法兰"操控板中"折弯类型"选"打开"，如图 12-69 所示。

图 12-69 选"打开"

（6）在零件图中设定法兰的长度为 10mm，半径为 5mm，如图 12-70 所示。

图 12-70　设定法兰尺寸

（7）单击"确定"按钮✓，创建"打开"法兰特征。

（8）在快捷菜单中选取"法兰"按钮，选取折弯特征的上边线，如图 12-71 所示。

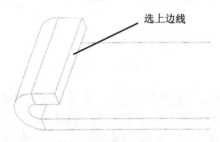

图 12-71　选上边线

（9）在"法兰"操控板中"折弯类型"选"S"，选"第一侧偏移"按钮，值设为-5mm（负值表示往里偏移，正值表示往外偏移），选"第二侧偏移"按钮，值设为-5mm，按下"在连接边上添加折弯"按钮，值为3，按下"标注折弯的内部曲面"按钮，如图 12-72 所示。

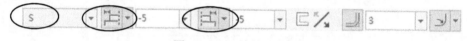

图 12-72　"法兰"操控板

（10）在"法兰"操控板中选 形状 ，选中"⦿高度尺寸不包括厚度"，并设定折弯半径为 6mm，高度为 8mm，长度为 10mm，角度为 45°，如图 12-73 所示。

（11）在操控板中选 偏移 ，选中"☑相对连接边偏移壁"复选框，类型选"添加到零件边"，如图 12-74 所示。

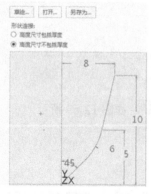

图 12-73　设定法兰形状

图 12-74　设定"偏移"参数

（12）在操控板中选 止裂槽 ，选中"折弯止裂槽"，选中"☑单独定义每侧"复选框，选"◉侧 1"，"类型"为"矩形"，高度选"盲孔"，值为 2mm，"宽度"选"厚度"（这里的厚度指的是钣金的厚度，在创建第一个钣金特征时已定义钣金厚度），如图 12-75 所示。

（13）选择"◉侧 2"，"类型"为"长圆形"，"高度"选择"盲孔"，值为 3mm，"宽度"设为 1mm，如图 12-76 所示。

图 12-75 定义第一侧的止裂槽　　　　图 12-76 定义第二侧的止裂槽

（14）单击"确定"按钮，创建"S"形法兰特征，该特征带有止裂口，如 12-77 所示。

图 12-77 创建"S"形法兰特征

（15）在快捷菜单中选取"法兰"按钮 ，选取折弯特征的上边线，如图 12-78 所示。

（16）在"法兰"操控板中"折弯类型"选"平齐的"，第一侧偏移值为 0，第二侧偏移值为 0，如图 12-79 所示。

图 12-78 选折弯边线　　　　图 12-79 "法兰"操控板

(17) 在工作区中设定折弯的长度为 3mm,如图 12-80 所示。

(18) 单击"确定"按钮,创建对齐法兰特征,如图 12-81 所示。

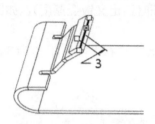 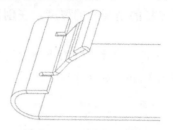

图 12-80　设定折弯长度　　　　　　图 12-81　对齐法兰特征

(19) 单击"折弯"按钮，选取零件的下表面,再在操控板中选 折弯线 ,再选取"草绘"按钮 草绘... ,绘制一条直线,如图 12-82 所示。

图 12-82　绘制直线

(20) 在"折弯"操控板中按下"折弯折弯线另一侧的材料"按钮 ,"使用值来定义折弯角度"按钮 ,角度为 180°,单击"测量自直线开始的折弯角度偏转"按钮 ,半径为 3mm,按下"标注折弯的内部曲面"按钮 ,如图 12-83 所示。

图 12-83　折弯操控板

(21) 单击"确定"按钮 ,创建折弯特征,如图 12-84 所示,如果折弯后的效果如图 12-84 不相同,请在图 12-83 的操控板中单击"反向"按钮 。

图 12-84　折弯特征

(22) 单击"折弯"按钮 ,选取零件折弯特征的上表面,再在操控板中选 折弯线 ,再选取"草绘"按钮 草绘... ,绘制一条直线,如图 12-85 所示。

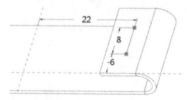

图 12-85　绘制直线

（23）在"折弯"操控板中单击"折弯折弯线另一侧的材料"按钮，"折弯至曲面的端部"按钮，半径为 2mm，按下"标注折弯的内部曲面"按钮，如图 12-86 所示。

图 12-86　绘制直线

（24）在操控板中选 ，取消"单独定义每侧"复选框前面的，"类型"为"扯裂"。

（25）单击"确定"按钮，创建折弯特征，如图 12-87 所示。

图 12-87　折弯特征

（26）单击 ，再单击"倒角"命令，按住 Ctrl 键，选取 4 个角，在"倒斜角"操控板上对"斜度类型"选择"D×D"，D 为 2mm，创建倒斜角特征，如图 12-88 所示。

图 12-88　创建倒角特征

（27）单击"展平"按钮，选取零件的平面，零件展开，如图 12-89 所示。

图 12-89　零件展开

（28）单击"保存"按钮，保存文档。

6．百叶窗

本节通过绘制百叶窗的钣金件，重点讲述 Creo 4.0 钣金设计中结合实体与钣金的命令，设计钣金零件的方法，产品图如图 12-90 所示。

图 12-90　零件图

（1）启动 Creo 4.0，单击"新建"按钮，在【新建】对话框中"类型"选中"◉ 零件"，"子类型"为"◉ 实体"，"名称"为"MJ_die"，取消"使用默认模板"复选框前面的☑，单击"确定"按钮 确定，在"新文件选项"对话框中选择"mmns_part_solid"选项。

（2）选取"拉伸"按钮，选取 TOP 平面为草绘平面，RIGHT 平面为参考平面，方向向右，绘制截面（一），如图 12-91 所示，厚度值为 1mm，创建拉伸特征。

（3）选取"拉伸"按钮，选取 RIGHT 平面为草绘平面，TOP 平面为参考平面，方向向上，绘制截面（二），如图 12-92 所示，厚度值为 20mm，类型选"对称"，创建拉伸特征。

图 12-91　绘制截面（一）

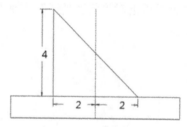

图 12-92　绘制截面（二）

（4）单击"边倒圆"按钮，两条竖直边线的圆角半径为 1，斜面与平面的圆角半径为 2，创建倒圆角特征，如图 12-93 所示。

图 12-93　创建倒圆特征

（5）单击"保存"按钮，保存文档。

（6）启动 Creo 4.0，单击"新建"按钮，在【新建】对话框中"类型"选中"◉ 零件"，"子类型"为"◉ 实体"，"名称"为"Baiyechuang"，取消"使用默认模板"复选框前面的☑,单击"确定"按钮 确定 ,在"新文件选项"对话框中选择"mmns_part_solid"选项。

(7) 选取"拉伸"按钮,选取 TOP 平面为草绘平面,RIGHT 平面为参考平面,方向向右,绘制截面(三),如图 12-94 所示,厚度值为 1mm,创建拉伸特征。

(8) 在"拉伸"操控板中选取拉伸类型为"盲孔"按钮,深度值为 20mm,单击"确定"按钮☑,创建拉伸特征,如图 12-95 所示。

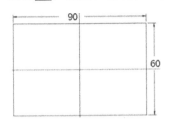 

图 12-94 绘制截面(三)　　　　　图 12-95 创建拉伸特征

(9) 单击"边倒圆"按钮,4 条竖直边线的圆角半径为 3,表面与侧面的圆角半径为 2,创建倒圆角特征,如图 12-96 所示。

(10) 先单击"模型"选项卡,再单击 操作▼ ,在下拉菜单中选"转化为钣金"命令。

(11) 再在操控板上单击"壳"按钮,输入"厚度"为 1mm。

(12) 选取零件的下表面,单击"确定"按钮,实体转化为钣金,如图 12-97 所示。

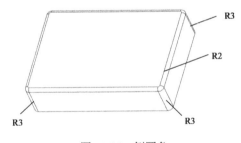 

图 12-96 倒圆角　　　　　图 12-97 转化为钣金特征

(13) 单击"平整"按钮,选取零件的内边线,生成向外的临时平整特征,如图 12-98 所示。

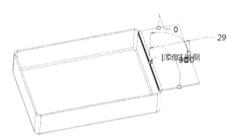

图 12-98 生成向外的临时平整特征

（14）在"平整"操控板中单击 形状 ，选取" ◉ 高度尺寸不包括厚度"单选框，平整特征调整为向内。

注意：如果操控板中的角度值为 0° 或 180°，那就不能选取" ◉ 高度尺寸不包括厚度"单选框。

（15）单击"草绘"按钮 草绘... ，绘制一个截面（也可以在系统默认的图上进行修改），如图 12-99 所示。

（16）在"平整"操控板中选 偏移 ，选中" ☑ 相对连接边偏移壁"复选框，"类型"选"添加到零件边"，如图 12-100 所示。

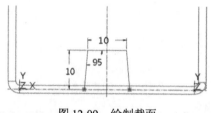

图 12-99　绘制截面　　　　　　　图 12-100　"偏移"选项卡

（17）在"平整"操控板中选"用户定义"，角度为 90°，按下"在连接边上添加折弯"按钮 ，"折弯半径值"为"厚度"，按下"标注折弯的内部曲面"按钮 ，如图 12-101 所示。

图 12-101　"平整"操控板

（18）单击"确定"按钮 ，创建折弯特征，如图 12-102 所示。

（19）采用相同的方法，创建其他三个折弯特征，如图 12-102 所示。

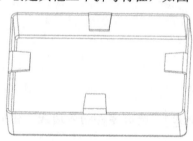

图 12-102　创建折弯特征

（20）单击"拉伸"按钮 ，在"拉伸"操控板中选择 放置 选项，再选择 定义... 按钮。

（21）选取刚才折弯的平面为草绘平面，绘制 4 个 ϕ4mm 的圆，如图 12-103 所示。

（22）单击"确定"按钮 ，在"拉伸"操控板中按下"实体"按钮 、"拉伸至下一曲面"按钮 、"切除"按钮 、"移除与曲面垂直的材料"按钮 ，如图 12-104 所示。

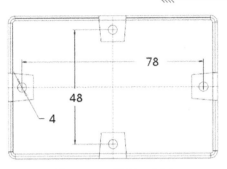

图 12-103　绘制 4 个圆

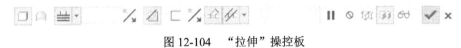

图 12-104　"拉伸"操控板

（23）单击"确定"按钮☑，创建 4 个小孔，如图 12-105 所示。

图 12-105　创建 4 个小孔

（42）单击 按钮，再选取"凸模"按钮☑，在"凸模"操控板中单击"打开"按钮 ，选取 MJ_die.prt。

（43）在"凸模"操控板中单击"放置"按钮 放置 ，在弹出的界面中选中"☑约束已启用"复选框，并按图 12-106 所示的方式装配两个零件。

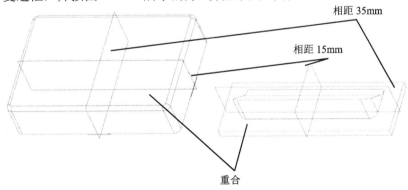

图 12-106　装配方式

（44）装配后的图形如图 12-107 所示。

注意：两个零件的单位必须统一，都用公制或英制。否则，会出现一个零件很大而另一个零件很小的现象。

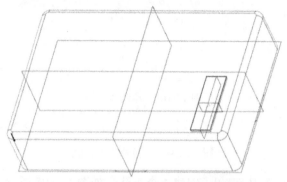

图 12-107　装配后的位置图

（45）单击 选项 按钮，在"选项"滑板中单击"排除冲孔模型曲面"文本框中的 单击此处添加项 字符，如图 12-30 所示。

（46）再按住 Ctrl 键，选取 MJ_die.prt 中的 5 个曲面，如图 12-108 中的阴影曲面所示。

图 12-108　选取 MJ_die.prt 中的 5 个曲面

（47）单击"确定"按钮 ✓，创建凸模成形特征，如图 12-109 所示。

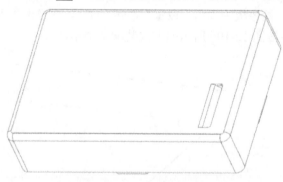

图 12-109　凸模成形特征

（48）在模型树中选取刚才创建的凸模成形特征，在快捷菜单中选"阵列"按钮 ，在"阵列"操控板中选择"方向"，选 RIGHT 基准平面为第一方向参照，距离为 10mm，数量为 8 个，选 FRONT 基准平面为第二方向参照，距离为 30mm，数量为 2 个。

(49)单击"确定"按钮☑,创建阵列特征,如图 12-110 所示。

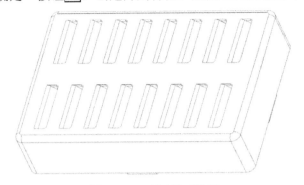

图 12-110　创建阵列特征

(50)单击"保存"按钮🗖,保存文档。

第 13 章 综合训练

1. 凹模

本节通过绘制一个简单的零件图,重点讲述 Creo 4.0 运用曲面进行零件设计的基本命令,零件图如图 13-1 所示。

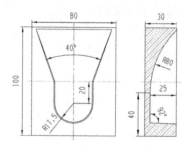

图 13-1 零件图

(1)启动 Creo 4.0,单击"新建"按钮 ,在【新建】对话框中"类型"选中"◉□零件","子类型"为"◉实体","名称"为"xingqiang",取消"使用默认模板"复选框前面的☑,单击"确定"按钮 确定 ,在"新文件选项"对话框中选"mmns_part_solid"(实体零件公制模板,单位:mm)选项。

(2)单击"拉伸"按钮 ,以 TOP 平面为草绘平面,RIGHT 为参考平面,方向向右,绘制一个截面,如图 13-2 所示。

(3)单击"确定"按钮☑,在"拉伸"操控板中选"指定深度"按钮 ,深度为 30mm,单击"反向"按钮 ,使箭头朝下。

(4)单击"确定"按钮☑,创建一个拉伸特征,如图 13-3 所示。

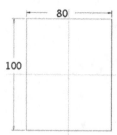

图 13-2 绘制截面

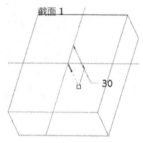

图 13-3 创建拉伸特征

（5）单击"拉伸"按钮，以零件的上表面为草绘平面，RIGHT 为参考平面，方向向右，绘制一个截面，如图 13-4 所示。

（6）单击"确定"按钮，在"拉伸"操控板中选"曲面"按钮，选"指定深度"按钮，深度为 30mm，单击"反向"按钮，使箭头朝下。

（7）单击"确定"按钮，创建一个拉伸特征，如图 13-5 所示。

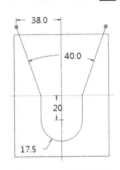

图 13-4 绘制截面

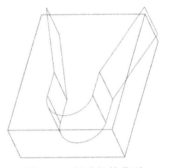

图 13-5 创建拉伸曲面

（8）单击"拉伸"按钮，以 RIGHT 为草绘平面，TOP 为参考平面，方向向上，绘制一个一条直线与一条圆弧，如图 13-6 所示。

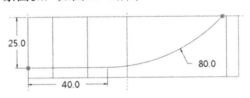

图 13-6 绘制截面

（9）单击"确定"按钮，在"拉伸"操控板中选"曲面"按钮，选择"对称"按钮，深度为 80mm，创建一个拉伸特征，如图 13-7 所示。

（10）按住 Ctrl 键，选中刚才创建的 2 个曲面，再在快捷菜单中选取"合并"按钮。在工作区中单击箭头，选取曲面保留的方向，如图 13-8 阴影所示。

图 13-7 创建拉伸曲面

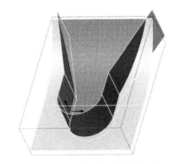

图 13-8 选取保留的曲面

（11）选取合并后的曲面，再在快捷菜单中选取"实体化"按钮，在"实体化"操控板中选"切除材料"按钮，零件切除材料后如图 13-9 所示。

（12）在快捷菜单中单击"拔模"按钮，在"拔模"操控板中单击"参考"选项 参考。

（13）在"参考"操控板中单击"拔模曲面"方框中的 选择项，再在零件上选取拔模面，如图 13-10 中阴影所示。

（14）在"拔模枢轴"方框中单击 单击此处添加项 字符，再选取零件的上表面，如图 13-11 阴影所示，系统默认零件的上表面为拔模的拖拉方向。

（15）输入拔模角度为 2°。

（16）单击"确定"按钮，创建拔模特征。

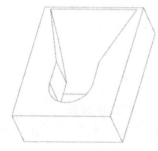 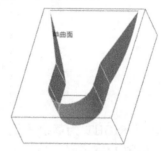 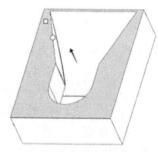

图 13-9 切除特征　　　　图 13-10 选取拔模面　　　　图 13-11 选取拔模枢轴

2. 调羹

本节通过绘制一个简单的零件图，重点讲述了 Creo 4.0 的草绘、投影曲线、造型曲面、加厚等命令的使用方法，零件图如图 13-12 所示。

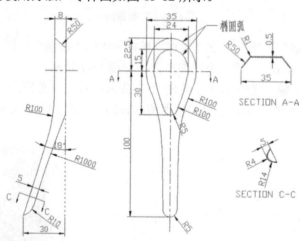

图 13-12 零件图

（1）启动 Creo 4.0，单击"新建"按钮，在【新建】对话框中"类型"选中"⊙ 零件"，"子类型"为"⊙ 实体"，"名称"为"tangshi"，取消"使用默认模板"复选框前面的☑，单击"确定"按钮 确定，在"新文件选项"对话框中选"mmns_part_solid"（实体零件公制模板，单位：mm）选项。

（2）单击"草绘"按钮，选取 TOP 为草绘平面，RIGHT 为参考平面，方向向右，绘制截面（一），如图 13-13 所示。

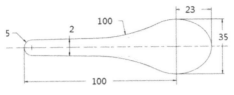

图 13-13　绘制截面（一）

（3）单击"草绘"按钮，选取 TOP 为草绘平面，RIGHT 为参考平面，方向向右，绘制截面（二），并将椭圆曲线打断，如图 13-14 所示。

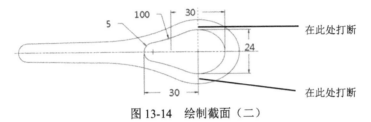

图 13-14　绘制截面（二）

（4）单击"草绘"按钮，选取 FRONT 为草绘平面，TOP 为参考平面，方向向上，绘制截面（三），如图 13-15 所示。

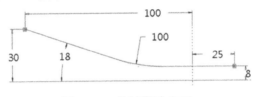

图 13-15　绘制截面（三）

（5）长按 Ctrl 键，选取截面（一）与截面（三），再选取"相交"按钮，创建投影曲线，如图 13-16 所示。

图 13-16　创建投影曲线

（6）单击"草绘"按钮，选取 FRONT 为草绘平面，RIGHT 为参考平面，方向向右，绘制截面（四），圆弧的端点与截面（二）对齐，如图 13-17 所示。

注意：先单击"偏移"按钮，选取截面（三）中的斜线，偏移距离设为 5mm 的斜线，再删除该斜线，该线删除后保留一条虚线，所创建的 R1000 的圆弧与该虚线相切，如图 13-17 所示。

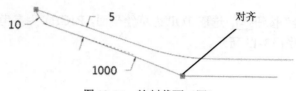

图 13-17　绘制截面（四）

（7）单击"草绘"按钮，选取 FRONT 为草绘平面，RIGHT 为参考平面，方向向右，绘制截面（五）（圆弧的两个端点与截面（二）和投影曲线对齐），如图 13-18 所示。

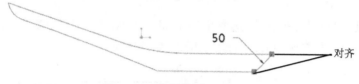

图 13-18　绘制截面（五）

（8）单击"草绘"按钮，选取 RIGHT 为草绘平面，TOP 为参考平面，方向向上，绘制截面（六）（圆弧的两个端点与截面（二）和投影曲线对齐），如图 13-19 所示。

（9）选中截面（六），再单击"镜像"按钮，选取 FRONT 为镜像平面，创建镜像曲线。

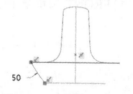

图 3-19　绘制截面（六）

（10）单击"拉伸"按钮，以 FRONT 为草绘平面，RIGHT 为参考平面，方向向右，绘制一条直线，该直线与截面（三）和截面（四）都垂直，如图 13-20 所示。

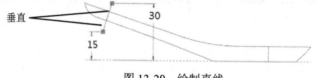

图 13-20　绘制直线

（11）单击"确定"按钮，在"拉伸"操控板中按下"曲面"按钮，"拉伸类型"选"对称"按钮，"距离"为 15mm。

（12）单击"确定"按钮，创建拉伸曲面，如图 13-21 所示。

图 13-21　创建拉伸曲面

（13）单击"绘制基准点"按钮 ，按住 Ctrl 键，选取刚才创建的拉伸曲面和截面曲线（四），创建一个基准点，如图 13-22 所示。

（14）采用相同的方法，创建拉伸曲面与曲线的另外两个基准点，如图 13-22 所示。

（15）单击"草绘"按钮 ，选取拉伸曲面为草绘平面，经过三个基准点，绘制截面（七），如图 13-23 所示。

图 3-22　创建 3 个基准点

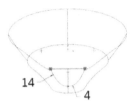
图 13-23　绘制截面（七）

（16）单击"样式"按钮 ，在"样式"操控板中单击"曲面"按钮 ，在图 13-24 中按如下顺序选取曲线，创建造型曲面（一）。

第 1 步：先选取曲线 1，再按住 Shift 键，依次选取曲线 2 和曲线 3。

第 2 步：松开 Shift 键，按住 Ctrl 键，选取曲线 4，再按住 Shift 键，依次选取曲线 5 和曲线 6。

第 3 步：在"曲面"操控板中单击第二个文本框中的 ，再选取曲线 7，然后按住 Shit 键，选取曲线 8（曲线 7 与曲线 8 构成内部链，控制曲面的形状）。

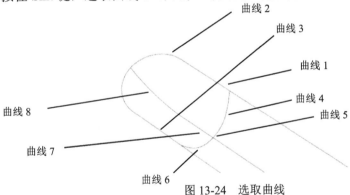
图 13-24　选取曲线

第 4 步：单击"确定"按钮 ，创建造型曲面（一），如图 13-25 所示。

图 13-25　创建造型曲面（一）

（17）在"样式"操控板中单击"曲面"按钮 ，按如下顺序选取曲线，创建造型曲面（二）和造型曲面（三）。

第 1 步：按住 Ctrl 键，选取曲线 9，曲线 9 显示两个端点，按住下方的端点，单击鼠标右键，选择"修剪位置"命令，如图 13-26 所示。

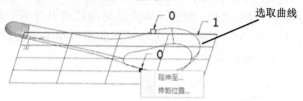

图 13-26　选"修剪位置"命令

第 2 步：选取修剪曲线，曲线 9 被修剪，如图 13-27 所示。

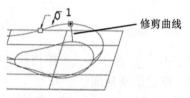

图 13-27　修剪曲线

第 3 步：按住 Shift 键，依次选取链（1）上面的图素，如图 13-28 所示。

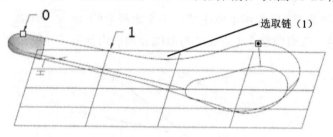

图 13-28　选取链（1）

第 4 步：采用相同的方法，选取链（2）、链（3）、链（4）、链（5）、链（6）和内部曲线，如图 13-29 所示，创建造型曲面（二），如图 13-30 所示。

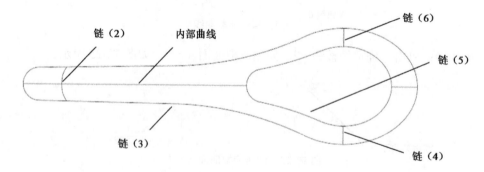

图 13-29　选取链（2）、链（3）、链（4）、链（5）、链（6）和内部曲线

图 13-30　创建造型曲面（二）

第 5 步：采用相同的方法，创建造型曲面（三），如图 13-31 所示。

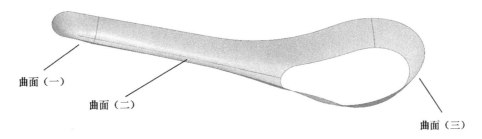

图 13-31　造型曲面（一）、（二）、（三）

（18）单击"填充"按钮▭，选取草绘（二），创建填充曲面，如图 13-31 所示。

图 13-32　创建填充曲面

（19）按住 Ctrl 键，选取造型曲面和填充曲面，单击"合并"按钮◯，两曲面合并。

（20）单击"倒圆角"按钮▭，选取造型曲面和填充曲面的交线，创建倒圆特征（R1mm）。

（21）任意选取一个曲面，再单击"加厚"按钮▭，在"加厚"操控板中输入"偏移厚度"为 1mm。

（22）单击"确定"按钮✓，创建加厚特征，如图 13-33 所示。

图 13-33　创建加厚特征

(23)单击"保存"按钮 ![], 保存文档。

3. 塑料外壳

本节通过创建一个简单零件图的建模过程,重点讲述了 Creo 4.0 的草绘、唇、截面圆顶、变圆角、替换、偏移、拔模、复制、扫描、阵列等命令的使用方法,产品图如图 13-34 所示。

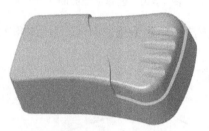

图 13-34 塑料外壳产品图

(1)启动 Creo 4.0,单击"新建"按钮 ![],在【新建】对话框中"类型"选中"⊙ []零件","子类型"为"⊙ 实体","名称"为"waike",取消"使用默认模板"复选框前面的 ![],单击"确定"按钮 ![确定],在"新文件选项"对话框中选"mmns_part_solid"(实体零件公制模板,单位:mm)选项。

(2)单击"拉伸"按钮 ![],以 TOP 平面为草绘平面,RIGHT 为参考平面,方向向右,绘制一个截面,如图 13-35 所示。

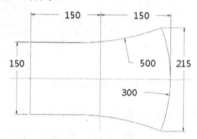

图 13-35 绘制截面

(3)单击"确定"按钮 ![],在"拉伸"操控板中选"指定深度"按钮 ![],深度为 80mm,单击"反向"按钮 ![],使箭头朝上。

(4)单击"确定"按钮 ![],创建一个拉伸特征,此时 TOP 面在下底面,如图 13-36 所示。

(5)单击"拔模"按钮 ![],在"拔模"操控板中单击"参考"按钮 ![参考],按如下方式操作。

第 1 步:选取拔模曲面。在"参考"滑板中单击"拔模曲面"框中的 ![单击此处添加项],然后按住 Ctrl 键,选取实体周围的曲面(此例的实体周围共有 6 个曲面)。

第 2 步:选取拔模枢轴。在"参考"滑板中单击"拔模枢轴"框中的 ![单击此处添加项],

然后选取实体的底面（或 TOP 基准面）。

第 3 步：选取拖拉方向。在"参考"滑板中单击"拖拉方向"框中的 单击此处添加项，然后选取实体的底面（或 TOP 基准面），箭头朝下。

第 4 步：在"拔模"操控板中输入拔模角度为 2°。

第 5 步：单击"确定"按钮 ✓，创建拔模特征（拔模后的零件是上面小，下面大），如图 13-37 所示。

图 13-36　创建拉伸特征　　　　　　　　图 13-37　创建拔模特征（上小下大）

（6）单击"截面圆顶"按钮 截面圆顶，在菜单管理器中选取"扫描｜一个轮廓｜完成"命令，选取零件的上表面为要替换的面，选取 FRONT 为草绘平面，在菜单管理器中单击"确定"，再在菜单管理器中选取"顶部"，选取 TOP 基准面，绘制截面（一），如图 13-38 所示。

（7）单击"确定"按钮 ✓，选取 RIGHT 为草绘平面，再在菜单管理器中选取"顶部"，选取 TOP 基准面，绘制截面（二），如图 13-39 所示。

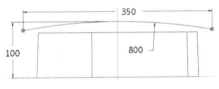
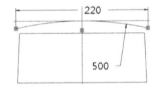

图 13-38　绘制截面（一）　　　　　　　　图 13-39　绘制截面（二）

（8）单击"确定"按钮 ✓，创建截面圆顶特征，零件的上表面变成圆顶。

（9）单击"倒圆角"按钮，在实体上创建倒圆角特征，右边的两个圆角为 R40，左边的两个圆角为 R20，如图 13-40 所示。

（10）按如下步骤创建变圆角特征，各节点位置的圆角大小如图 13-41 所示。

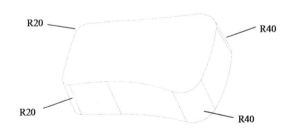
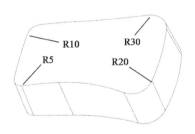

图 13-40　创建圆角特征　　　　　　　　图 13-41　各节点的圆角大小

第1步：单击"倒圆角"按钮，选取上表面与侧面的交线，此时会产生一个临时的倒圆角特征。

第2步：在"倒圆角"操控板中单击"集"按钮，在"集"滑板中空白处单击鼠标右键，选"添加半径"命令，如图13-42所示。

第3步：在"集"滑板中先选中#1处，再在"位置"中选"参考"，如图13-43所示。

第4步：在零件图上选取图13-41中R5所指的端点，并把半径改为R5mm。

第5步：采用相同的方法，在"集"滑板中先选中#2处，再在"位置"中选"参考"，在零件图上选取图13-41中R20所指的端点，并把半径改为R20mm。

第6步：在"集"滑板中空白处单击鼠标右键，选"添加半径"命令，在"集"滑板中先选中#3处，再在"位置"中选"参考"，在零件图上选取图13-41中R30所指的端点，并把半径改为R30mm。

第7步：在"集"滑板中空白处单击鼠标右键，选"添加半径"命令，在"集"滑板中先选中#3处，再在"位置"中选"参考"，在零件图上选取图13-41中R10mm所指的端点，并把半径改为R10mm。

图13-42 选"添加半径"

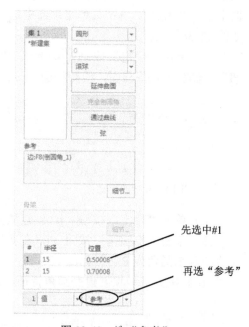

图13-43 选"参考"

第8步：单击"确定"按钮，创建可变圆角特征，如图13-44所示。

（11）按如下步骤创建偏移特征。

第1步：按住Ctrl键，选取零件上的曲面，如图13-45中的阴影曲面所示。

第2步：在快捷菜单中选取"偏移"按钮，在"偏移"操控板中选"具有拔模特征"的按钮，拔模距离为5mm，拔模角度为0，如图13-46所示。

第13章 综合训练

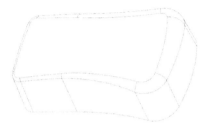

图13-44 创建可变圆角

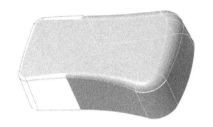

图13-45 选取曲面

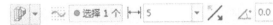

图13-46 偏移操控板

第3步：在"偏移"操控板中选"参考"选项，再单击"定义"按钮 定义... ，选取TOP为草绘平面，绘制一个截面，如图13-47所示。

第4步：单击"确定"按钮，创建偏移特征，如图13-48所示。

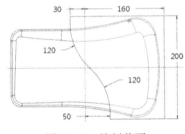

图13-47 绘制截面

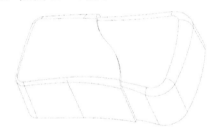

图13-48 创建偏移特征

（12）按如下步骤创建凹槽。

第1步：单击"草绘"按钮 ，选取TOP为草绘平面，RIGHT为参考平面，方向向右，绘制一条直线，如图13-49所示。

第2步：单击"草绘"按钮 ，选取FRONT为草绘平面，RIGHT为参考平面，方向向右，绘制一条直线，直线的端点尺寸，如图13-50所示。

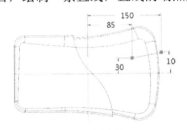

图13-49 绘制直线（一）

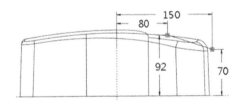

图13-50 绘制直线（二）

第3步：按住Ctrl键，选取刚才创建的两条直线，再在快捷菜单中选取"相交"按钮 ，创建组合投影曲线，如图13-51所示。

第4步：先选取组合曲线，再单击"扫描"按钮 ，然后在"扫描"操控板中单击"创建或编辑截面"按钮 ，绘制一个φ30mm的圆，如图13-52所示。

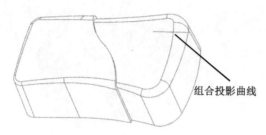
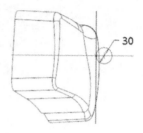

图 13-51　创建组合投影曲线　　　　　图 13-52　绘制φ30mm 的圆

第 5 步：单击"确定"按钮✓，在"扫描"操控板中按下"切除材料"按钮。
第 6 步：单击"确定"按钮✓，创建扫描切除特征，如图 13-53 所示。
第 7 步：选取刚才创建的扫描特征，再在快捷菜单中单击"阵列"按钮，在"阵列"操控板中选"方向"，选取 FRONT 基准面，阵列数量为 4，距离为 30mm。
第 8 步：单击"确定"按钮✓，创建阵列特征，如图 13-54 所示。

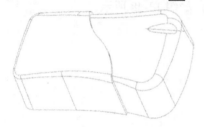

图 13-53　创建扫描切除特征　　　　　图 13-54　创建阵列特征

（13）按如下步骤创建台阶位。
第 1 步：单击"拉伸"按钮，以 TOP 为草绘平面，绘制一个截面，如图 13-55 所示。
第 2 步：单击"确定"按钮✓，在"拉伸"操控板中输入"距离"为 30mm。
第 3 步：单击"确定"按钮✓，创建拉伸特征，如图 13-56 所示。

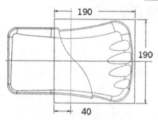
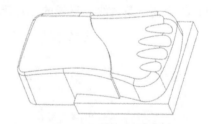

图 13-55　绘制截面　　　　　　　　图 13-56　创建拉伸特征

第 4 步：在实体上选取一个侧面，如图 13-57 阴影所示，然后在快捷菜单中单击"复制几何"按钮，在"复制几何"操控板中单击"确定"按钮✓，复制所选的侧面。
第 5 步：在图 13-56 的拉伸特征上选取一个侧面，如图 13-58 阴影所示，然后在快捷菜单中单击"偏移"按钮，在"偏移"操控板中选"替换曲面特征"的按钮，如图 13-59 所示。

第 13 章 综 合 训 练

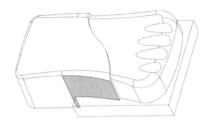
图 13-57 选取阴影曲面

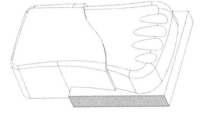
图 13-58 选取阴影曲面

图 13-59 选"替换曲面特征"的按钮

第 6 步：选取图 13-57 所创建的曲面，单击"确定"按钮，零件的侧面被替换，如图 13-60 所示。

第 7 步：采用相同的方法，替换另一侧的曲面。

第 8 步：在实体上选取一个侧面，如图 13-61 中的阴影所示，然后在快捷菜单中单击"偏移"按钮，在"偏移"操控板中选"标准偏移特征"的按钮，偏移距离为 5mm，如图 13-62 所示。

图 13-60 所选曲面被替换

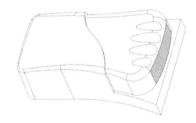
图 13-61 选取阴影曲面

图 13-62 选"标准偏移特征"的按钮，偏移距离为 5mm

第 9 步：单击"确定"按钮，创建偏移曲面，如图 13-63 所示。

第 10 步：在图 13-56 的拉伸特征上选取一个侧面，如图 13-64 阴影所示，然后在快捷菜单中单击"偏移"按钮，在"偏移"操控板中选"替换曲面特征"的按钮，如图 13-59 所示。

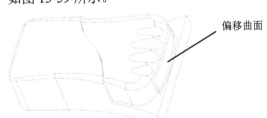
图 13-63 创建偏移曲面

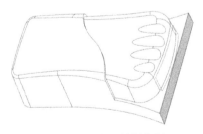
图 13-64 选取阴影曲面

第 11 步：选取图 13-63 所创建的曲面，单击"确定"按钮✓，零件的侧面被替换，如图 13-65 所示。

第 12 步：单击"倒圆角"按钮，在实体上创建倒圆角特征，圆角为 R40，如图 13-66 所示。

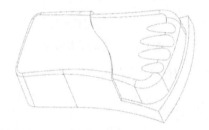
图 13-65　所选曲面被替换

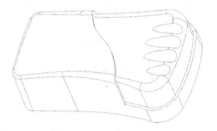
图 13-66　创建圆角特征

第 13 步：在实体上选取一个曲面，如图 13-67 阴影所示，然后在快捷菜单中单击"偏移"按钮，在"偏移"操控板中选"标准偏移特征"的按钮，偏移距离为 30mm，方向向下。

第 14 步：单击"确定"按钮✓，创建偏移曲面，创建的曲面在实体内部，如图 13-68 所示。

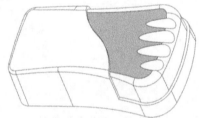
图 13-67　选取阴影曲面

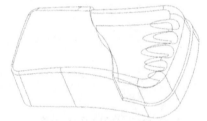
图 13-68　创建偏移曲面

第 15 步：选取图 13-56 拉伸特征的上表面，如图 13-69 阴影所示，然后在快捷菜单中单击"偏移"按钮，在"偏移"操控板中选"替换曲面特征"的按钮，如图 13-59 所示。

第 16 步：选取图 13-68 所创建的曲面，单击"确定"按钮✓，图 13-56 拉伸特征的上表面被替换，如图 13-70 所示。

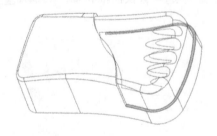
图 13-69　选取阴影曲面

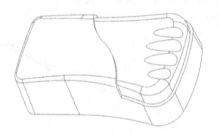
图 13-70　所选曲面被替换

（14）单击"抽壳"按钮，选取零件底面为可移除面，抽壳厚度为5mm。

（15）创建唇特征，按如下步骤进行操作。

第1步：单击"唇"按钮 唇 （"唇"特征命令的调出方式请参考第3章Pro/E版特征命令的加载）。

第2步：在菜单管理器中选"环"，再选取零件的底面，如图13-71阴影所示。

第3步：在菜单管理器中选"下一个"，抽壳特征的内部边线变成红色后，再在菜单管理器中选"接受"，选"完成"命令。

第4步：选取零件的底面为"要偏移的曲面"，如图13-71阴影曲面所示。

第5步：输入"偏移值"为5mm，输入"从边到拔模曲面的距离"为2.5mm。

第6步：选取图13-71所示的阴影曲面为"拔模参考曲面"。

第7步：输入拔模角度为3°。

第8步：单击"确定"按钮，创建唇特征，如图13-72所示。

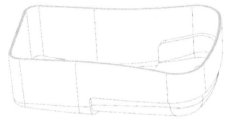
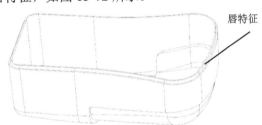

图13-71 选零件的底面（阴影所示）　　　图13-72 创建唇特征

（16）创建两个带锥度的圆柱，按如下步骤进行操作。

第1步：单击"拉伸"按钮，以TOP为草绘平面，绘制两个圆（φ20mm），如图13-73所示。

第2步：单击"确定"按钮，在"拉伸"操控板中拉伸类型选"拉伸到选定的"按钮，如图13-74所示。

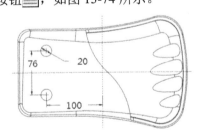

图13-73 绘制两个圆　　　图13-74 选"拉伸到选定的"按钮

第3步：选取零件抽壳特征上的一个曲面，如图13-75中的阴影曲面所示。

第4步：在"拉伸"操控板中选"选项"按钮 选项 ，在"选项"滑板中选中"添加锥度"复选框，角度为-2°。

第5步：单击"确定"按钮，创建两个带斜度的拉伸特征，如图13-76所示。

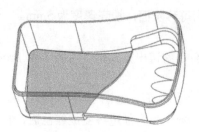
图 13-75 选阴影曲面

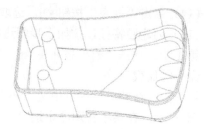
图 13-76 创建带斜度的拉伸特征

第 6 步：单击"拉伸"按钮，以圆柱的表面为草绘平面，绘制两个圆（φ15mm），圆心与圆柱的圆心重合，如图 13-77 所示。

第 7 步：单击"确定"按钮，在"拉伸"操控板中拉伸类型选"拉伸到选定的"按钮和"切除材料"按钮，在零件上选取一个曲面，如图 13-75 阴影曲面所示。

第 8 步：单击"确定"按钮，创建两个孔特征，如图 13-78 所示。

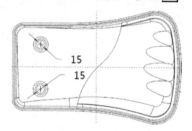
图 13-77 绘制两个同心圆（φ15mm）

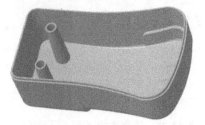
图 13-78 创建两个孔

（24）单击"保存"按钮，保存文档。

4. 塑料盖

本节通过创建一个简单零件图的建模过程，重点讲述了 Creo 4.0 曲面在创建实体过程中的使用方法，产品图如图 13-79 所示。

图 13-79 产品图

（1）启动 Creo 4.0，单击"新建"按钮，在【新建】对话框中"类型"选中"○零件"，"子类型"为"●实体"，"名称"为"suliaogai"，取消"使用默认模板"复选框前面的，单击"确定"按钮，在"新文件选项"对话框中选"mmns_part_solid"

（实体零件公制模板，单位：mm）选项。

（2）单击"拉伸"按钮，以 TOP 为草绘平面，绘制一个截面，如图 13-80 所示。

（3）单击"确定"按钮，在"拉伸"操控板中按下"拉伸为曲面"按钮，"拉伸类型"选"盲孔"按钮，拉伸距离为 30mm，如图 13-81 所示。

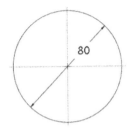

图 13-80　绘制截面（一）

图 13-81　选和

（4）在"拉伸"操控板中单击"选项"按钮，在"选项"滑板中选取"☑封闭端"复选框，如图 13-82 所示。

（5）单击"确定"按钮，创建一个拉伸曲面，该曲面的两端被封闭。

（6）单击"拉伸"按钮，以 RIGHT 为草绘平面，绘制一条圆弧（R300mm），如图 13-83 所示。

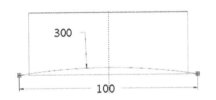

图 13-82　选"封闭端"

图 13-83　绘制截面（二）

（7）单击"确定"按钮，在"拉伸"操控板中按下"拉伸为曲面"按钮，"拉伸类型"选"对称"按钮，拉伸距离为 130mm。

（8）单击"确定"按钮，创建一个拉伸曲面，如图 13-84 所示。

（9）按住 Ctrl 键，选取两个曲面，在快捷菜单栏中选取"合并"按钮，单击"反向"按钮，切换两个箭头的方向（箭头方向为保留方向）如图 13-85 所示。

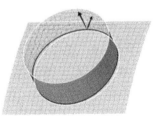

图 13-84　创建拉伸曲面

图 13-85　两箭头的方向

（10）单击"确定"按钮☑，两个曲面被修剪，按住鼠标中键，翻转实体后如图 13-86 所示。

（11）单击"倒圆角"按钮，选取圆柱顶面的边线，创建倒圆角特征（R12mm），如图 13-87 所示。

图 13-86 两曲面被修剪

图 13-87 创建圆角特征

（12）选中曲面，再在快捷菜单中单击"加厚"按钮，厚度为 2mm，曲面变为实体。

（13）单击"拉伸"按钮，以 TOP 为草绘平面，绘制一个截面，如图 13-88 所示。

（14）单击"确定"按钮☑，在"拉伸"操控板中"拉伸类型"选"对称"按钮，拉伸距离为 50mm，按下"移除材料"按钮。

（15）单击"确定"按钮☑，创建切除特征，如图 13-89 所示。若切除特征与图 13-89 不一致，则需要在操控板中单击"反向"按钮。

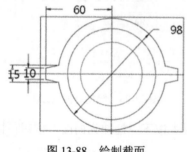

图 13-88 绘制截面

图 13-89 移除特征

（16）单击 工程▼，选"修饰草绘"命令，选取零件的上表面为草绘平面，RIGHT 为参考平面，方向向右，单击"草绘"按钮 草绘，进入草绘模式。

（17）在快捷菜单中单击"文本"按钮 A 文本，在零件的上表面选取第一点为文本的起始点，再选取第二点为文本的高度和方向，如图 13-90 所示。

（18）在"文本"对话框中输入"塑料盖"，字体选"font3d"，对"水平"选"中心"，对"竖直"选"底部"，长宽比为 1，间距为 0.8，勾选"☑沿曲线放置"复选框，如图 13-91 所示。

（19）选取零件顶面的圆弧，系统沿圆弧创建文本，如图 13-92 所示。

（20）单击"保存"按钮，保存文档。

第 13 章 综合训练

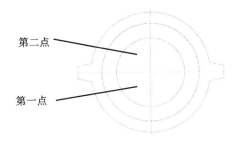

图 13-90 选取第一点与第二点　　图 13-91 输入"塑料盖",钩选"沿曲线放置"

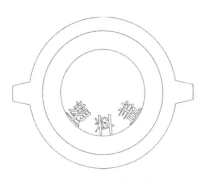

图 13-92 创建文本

5. 电话筒

本节通过创建一个简单零件图的建模过程,重点讲述了 Creo 4.0 曲面在创建实体过程中的使用方法,产品图如图 13-93 所示。

图 13-93 产品图

(1) 启动 Creo 4.0,单击"新建"按钮,在【新建】对话框中"类型"选中"⊙ 零件","子类型"为"⊙ 实体","名称"为"huatong",取消"使用默认模板"复选框前面的☑，单击"确定"按钮 确定 ，在"新文件选项"对话框中选"mmns_part_solid"（实体零件公制模板，单位：mm）选项。

（2）单击"拉伸"按钮，以 TOP 为草绘平面，绘制截面（一），如图 13-94 所示。

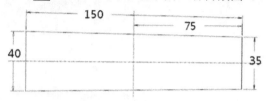

图 13-94　绘制截面（一）

（3）单击"确定"按钮☑，在"拉伸"操控板中按下"曲面"按钮，选中"选项"按钮 选项 ，在"选项"滑板中"侧 1"选"盲孔"按钮，距离为 30mm，勾选"☑封闭端"、"☑添加锥度"复选框，角度为 5°，如图 13-95 所示。

（4）单击"确定"按钮☑，创建拉伸曲面（拉伸曲面的上面小，下面大，如果是上面大，下面小，请将角度改为-5°），如图 13-96 所示。

图 13-95　"选项"滑板　　　　图 13-96　创建拉伸特征

（5）单击"草绘"按钮，以 FRONT 为草绘平面，绘制截面（二），如图 13-97 所示。

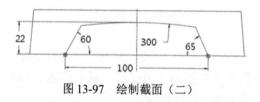

图 13-97　绘制截面（二）

（6）单击"扫描"按钮，选取刚才创建的曲线为轨迹线，在"扫描"操控板中选取"创建或编辑截面"按钮，绘制一条圆弧（R100），如图 13-98 所示。

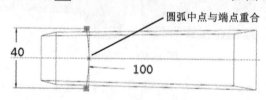

图 13-98　绘制圆弧截面

（7）单击"确定"按钮，创建扫描曲面特征，如图 13-99 所示。

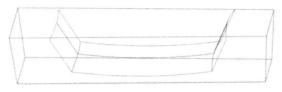

图 13-99　创建扫描曲面

（8）先选取扫描曲面的一条边线，如图 13-100 加粗的边线所示。

图 13-100　选取加粗的边线

（9）在快捷菜单中单击"延伸"按钮，在"延伸"操控板中按下"按原始曲面延伸"按钮，延长距离为 10mm，创建延伸曲面，如图 13-101 左边的曲面所示。

（10）采用相同的方法，延伸右边的曲面，如图 13-101 所示。

图 13-101　延伸曲面

（11）选取延伸后的扫描曲面，在快捷菜单中选取"修剪"按钮，选取 TOP 基准面为修剪曲面，单击箭头，选取阴影部分为保留方向，如图 13-102 所示。

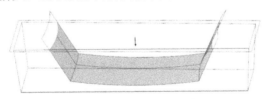

图 13-102　选取阴影部分为保留方向

（12）单击"确定"按钮，创建修剪曲面特征，如图 13-103 所示。

图 13-103　创建修剪曲面特征

（13）按住 Ctrl 键，选取扫描曲面与拉伸曲面，在快捷菜单中选"合并"按钮，单击箭头，切换箭头的方向，如图 13-104 所示。

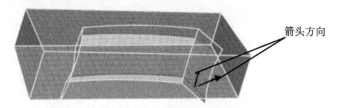

图 13-104 选取箭头方向

（14）单击"确定"按钮，创建合并后的曲面，着色后如图 13-105 所示。

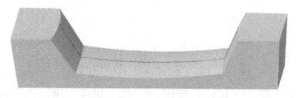

图 13-105 合并后的曲面

（15）选中合并后的曲面，在快捷菜单中单击"实体化"按钮，曲面转化为实体。

提示：如果不能转化为实体，可能是在图 13-95 中没有勾选"☑封闭端"复选框，在模型树中选中 拉伸1，单击鼠标右键，选"编辑定义"按钮，在操控板中选 选项 ，在图 13-95 中所示的滑板中勾选"☑封闭端"复选框。

（16）单击"截面圆顶"按钮 截面圆顶（ 截面圆顶 的调出方式请参考第 3 章 Pro/E 版特征命令），在菜单管理器中选"扫描｜一个轮廓｜完成"命令，选取零件上表面，如图 13-106 所示。

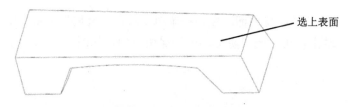

图 13-106 选取上表面

（17）在菜单管理器中选"平面"，选取 FRONT 为草绘平面，再单击菜单管理器的"确定"，再选"顶部｜平面"，选 TOP 基准面，绘制一个截面，如图 13-107 所示。

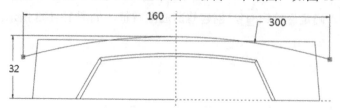

图 13-107 绘制截面（一）

（18）单击"确定"按钮☑，在菜单管理器中选"平面"，选取 RIGHT 为草绘平面，再单击菜单管理器的"确定"，再选"顶部|平面"，选 TOP 基准面，绘制一个截面，如图 13-108 所示。

（19）单击"确定"按钮☑，零件的上表面替换成圆弧曲面，如图 13-109 所示。

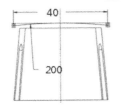

图 13-108　绘制截面（二）　　　　　　图 13-109　替换上表面

（20）单击"旋转"按钮，选取 FRONT 为草绘平面，绘制一个封闭的截面与基准中心线，如图 13-110 所示。

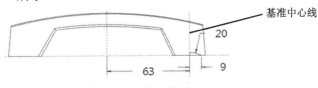

图 13-110　绘制截面

（21）单击"确定"按钮☑，在"旋转"操控板中按下"切除材料"按钮，旋转角度为 360°，创建旋转切除材料特征，如图 13-111 所示。

（22）采用相同的方法，创建另一个旋转切除特征，如图 13-111 所示。

图 13-111　创建旋转切除材料特征

（23）单击"倒圆角"按钮，创建倒圆角特征，未注圆角为 R1，如图 13-112 所示。

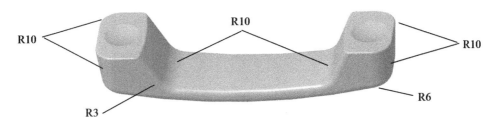

图 13-112　创建倒圆角特征

（24）单击"抽壳"按钮，直接在"抽壳"对话框中输入"厚度"为1mm，再单击"确定"按钮，创建抽壳特征（这样创建的抽壳特征是一个空壳）。

（25）单击"拉伸"按钮，选取 TOP 为草绘平面，绘制一个截面（φ2mm），如图 13-113 所示。

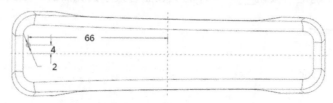

图 13-113　绘制截面（φ2mm）

（26）单击"确定"按钮，在"拉伸"操控板中按下"切除材料"按钮，拉伸类型选"盲孔"按钮，距离为 5mm。

（27）单击"确定"按钮，创建一个孔。

（28）在模型树中选取 拉伸2（即刚才创建的孔），在快捷菜单中选取"阵列"按钮，在"阵列"操控板中选"方向"，选取 FRONT 为第一方向，数量设为 3，距离设为 4mm，选取 RIGHT 为第二方向，数量为 3，距离为 4mm。

（29）单击"确定"按钮，创建阵列特征，如图 13-114 左边的小孔所示。

（30）在模型树中选取 阵列1/拉伸2，在快捷菜单中选取"镜像"按钮，选取 RIGHT 为镜像平面，创建镜像特征，如图 13-114 右边的小孔所示。

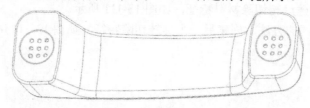

图 13-114　创建阵列特征